"双碳"目标下建筑中可再生能源利用

建筑中太阳能热利用

刘艳峰　王登甲　著

中国建筑工业出版社

图书在版编目（CIP）数据

建筑中太阳能热利用 / 刘艳峰，王登甲著. -- 北京：中国建筑工业出版社，2025.3. --（"双碳"目标下建筑中可再生能源利用）. -- ISBN 978-7-112-31005-0

Ⅰ.TU18

中国国家版本馆 CIP 数据核字第 2025R29470 号

责任编辑：张文胜　赵欧凡
责任校对：芦欣甜

"双碳"目标下建筑中可再生能源利用
建筑中太阳能热利用
刘艳峰　王登甲　著

*

中国建筑工业出版社出版、发行（北京海淀三里河路 9 号）
各地新华书店、建筑书店经销
北京科地亚盟排版公司制版
北京中科印刷有限公司印刷

*

开本：787 毫米 ×1092 毫米　1/16　印张：12½　字数：306 千字
2025 年 3 月第一版　　2025 年 3 月第一次印刷
定价：65.00 元
ISBN 978-7-112-31005-0
(44672)

版权所有　翻印必究
如有内容及印装质量问题，请与本社读者服务中心联系
电话：(010) 58337283　　QQ：2885381756
（地址：北京海淀三里河路 9 号中国建筑工业出版社 604 室　邮政编码：100037）

前　　言

在全球气候变化与能源转型的双重背景下，建筑领域的低碳化发展已成为实现"双碳"目标的关键环节。作为能源消耗与碳排放的重要载体，建筑行业面临着提升能效与优化用能结构的双重挑战。本书系统阐述了太阳能热利用技术在建筑领域的创新应用，旨在为建筑行业的低碳转型提供理论支撑与实践指南。

建筑碳排放的降低依赖于三大技术路径：一是通过被动式设计优化，尽量降低暖通空调以及照明等设备的负荷强度和运行时间；二是采用高能效设备，尽量以较低的用能代价，维持必要建筑设备的运行需求；三是构建可再生能源驱动体系，以太阳能等清洁能源替代化石能源，从根本上改变建筑用能结构。这三者的协同发展，构成了建筑低碳化的技术核心。

我国地域辽阔，气候类型复杂多样。在多数地区，单纯依赖被动式技术难以满足全气候周期的环境调控需求，仍需主动式系统作为补充。在此背景下，以可再生能源驱动建筑设备运行成为降低建筑运行碳排放的关键。因此，根据建筑用能需求，合理整合可再生能源与高效设备技术系统，从建筑设备用能来源、能量转化设备和输配系统全方位进行技术提升和系统优化，已成为建筑行业的发展原动力之一。

在各类可再生能源中，太阳能最具发展潜力。通过太阳能光热、光伏的高效采集技术，可有效缓解建筑的冷、热、电等多种能源需求。若太阳能利用技术进一步与热泵、蓄能、蒸发冷却、高效照明和智能控制等技术相结合，有望不消耗或消耗少量能源即可实现建筑环境提升。

本书以建筑中太阳能热利用为主线，系统梳理了太阳辐射基础理论、建筑热过程分析、高效集热技术及工程应用案例。重点探讨了被动式与主动式技术的协同机制，揭示了太阳能热利用与建筑一体化设计的关键要素。值得强调的是，本书结合典型工程案例，详细阐述了太阳能热利用在学校建筑、窑居改造、牧民定居点及高原社区中的应用模式。这些案例不仅验证了技术可行性，更展示了经济与环境效益的双重提升。通过对西藏、青海等地实际项目的剖析，揭示了太阳能热利用技术在极端气候条件下的适应性与创新发展路径。

展望未来，随着智能控制技术、低碳能源网络的不断发展，建筑将逐步从能源消耗单元转变为能源生产节点。本书所倡导的"被动优先、主动优化、多能互补"的技术路线，将为建筑行业的深度"脱碳"提供重要支撑。期待本书能成为从事建筑节能、可再生能源利用领域的科研人员、工程技术人员及高校师生的重要参考资料，共同推动建筑行业迈向更可持续的未来。

本书成稿过程中，得到国家自然科学基金项目的持续支持，以及绿色建筑全国重点实验室的实证数据支撑。特别感谢王莹莹教授、宋聪教授、李勇副教授、周勇副教授、陈耀文副教授、巩景虎副教授、王欢讲师、白璞副教授等科研团队核心成员，以及研究生王晓云、王柏超、闫钰亭、赵玉洁等。正是科研团队成员与笔者在太阳能建筑热利用领域的协同攻关与学术坚守，方使这部学术专著终得付梓。

限于作者的水平，书中难免有不妥之处，恳请读者批评指正！

目 录

第1章 建筑节能与太阳能热利用 ··· 1
- 1.1 我国建筑节能发展历程 ··· 1
- 1.2 建筑中可再生能源利用概况 ··· 6
- 1.3 建筑中太阳能热利用概况 ·· 9
- 1.4 建筑中太阳能热利用主要内容 ···································· 16

第2章 太阳辐射构成与到达地面特征 ································ 18
- 2.1 太阳辐射基础知识 ·· 18
- 2.2 大气质量与透明度 ·· 25
- 2.3 太阳辐射计算 ·· 25
- 2.4 太阳辐射资源分布 ·· 30
- 2.5 本章小结 ··· 30

第3章 太阳辐射设计参数 ·· 31
- 3.1 太阳辐射设计参数分类及使用目的 ······························· 31
- 3.2 负荷计算用太阳辐射设计参数方法 ······························· 31
- 3.3 系统设计用太阳辐射设计参数取值方法 ························· 45
- 3.4 本章小结 ··· 51

第4章 非透明围护结构的太阳辐射传热过程 ······················· 52
- 4.1 太阳辐射在非透明围护结构外表面的光热转化 ················ 52
- 4.2 通过非透明围护结构的传热过程 ··································· 59
- 4.3 非透明围护结构非平衡保温 ·· 68
- 4.4 本章小结 ··· 71

第5章 透明围护结构太阳辐射传热过程 ······························ 72
- 5.1 太阳能透过透明围护结构的传热机制 ···························· 72
- 5.2 透明围护结构传热量计算 ··· 80
- 5.3 建筑透明围护结构节能技术 ·· 87
- 5.4 本章小结 ··· 96

第6章 太阳能建筑室内热环境 ··· 98
- 6.1 太阳能建筑室内热环境成因及特征 ······························· 98
- 6.2 直接受益式太阳能建筑室内热环境 ······························ 103
- 6.3 附加阳光间式太阳能建筑室内热环境 ·························· 105

6.4	集热蓄热墙式太阳能建筑室内热环境	113
6.5	本章小结	117

第 7 章 建筑用太阳能集热器光热转化 … 118

7.1	太阳能集热器光热转化原理	118
7.2	太阳能集热器性能提升技术	122
7.3	建筑中太阳能热利用设备系统	135
7.4	本章小结	139

第 8 章 被动式太阳能热利用与工程案例 … 140

8.1	被动式太阳能热利用技术适宜性及设计要点	140
8.2	太阳能学校建筑	145
8.3	太阳能窑居建筑	148
8.4	牧民定居点被动式太阳能建筑	152

第 9 章 主被动组合太阳能热利用工程案例 … 157

9.1	主被动组合太阳能技术原理与设计要点	157
9.2	牧民定居点太阳能供暖工程	163
9.3	高原社区太阳能供暖工程	167
9.4	公共卫生建筑太阳能供暖工程	171

第 10 章 区域太阳能集中供热及工程案例 … 178

10.1	区域太阳能集中供热系统原理	178
10.2	区域太阳能集中供热系统设计要点	179
10.3	西藏自治区某县城太阳能集中供热工程	183
10.4	丹麦 Dronninglund 太阳能集中供热工程	188

参考文献 … 192

第1章 建筑节能与太阳能热利用

1.1 我国建筑节能发展历程

1.1.1 我国建筑"双碳"目标的提出

多年来我国积极推进绿色低碳发展，以实际行动为全球应对气候变化做出应有贡献。2020年9月22日，在第七十五届联合国大会一般性辩论上，国家主席习近平向全世界郑重宣布——中国"二氧化碳排放力争于2030年前达到峰值，努力争取2060年前实现碳中和"。郑重的承诺向全世界展示了我国应对气候变化的大国担当，彰显了我国走绿色低碳发展道路、推动全人类共同发展的坚定决心。

工业、建筑、交通、电力是产生碳排放的四大重点领域。随着"双碳"目标的提出，建筑业的减碳已成为我国实现"双碳"目标的关键一环。在"双碳"目标的指引下，建筑领域的低碳化发展势在必行。2021年3月15日召开的中央财经委员会第九次会议指出："十四五"是碳达峰的关键期、窗口期，要构建清洁低碳安全高效的能源体系，构建以新能源为主体的新型电力系统；要实施重点行业领域减污降碳行动，建筑领域要提升节能标准。

2021年10月，我国发布了《中共中央 国务院关于完整准确全面贯彻新发展理念做好碳达峰碳中和工作的意见》（以下简称《意见》）、《2030年前碳达峰行动方案》和《关于推动城乡建设绿色发展的意见》，《意见》明确提出：到2025年，单位国内生产总值CO_2排放比2020年下降18%；非化石能源消费占比达到20%左右。到2030年，单位国内生产总值CO_2排放比2005年下降65%以上，非化石能源消费占比达到25%左右，CO_2排放量达到峰值并实现稳中有降。到2060年，绿色低碳循环发展的经济体系和清洁低碳安全高效的能源体系全面建立，非化石能源消费占比达到80%以上，碳中和目标顺利实现。

建筑领域节能降碳在全国碳减排进程中占据举足轻重的地位。根据中国建筑节能协会发布的《中国建筑能耗与碳排放研究报告（2023）》，2021年我国建筑全过程能耗总量为23.5亿tce，占全国能源消费总量的比例为44.6%；全过程碳排放总量为50.1亿t CO_2，占全国能源相关碳排放的比例为47.0%（图1.1-1）。建筑行业作为我国的支柱产业，能耗占比及碳排放占比均在我国年度能耗及碳排放总数据的50%"徘徊"，其节能降碳是实现碳达峰、碳中和目标的关键所在。

未来 10 年,我国城镇化率增长空间在 6% 左右,加上各区域均有发展需求,必将带动全国建筑面积持续增长。预测到 2030 年,城镇居住建筑、公共建筑面积的总量分别达到约 420 亿 m^2、173 亿 m^2。同时,为满足人民群众对建筑舒适度及健康性需求的增长,建筑能源刚性需求增长的趋势是客观存在的,需引起高度重视。由此可见,建筑节能低碳与绿色化将引领我国建筑行业未来的发展。

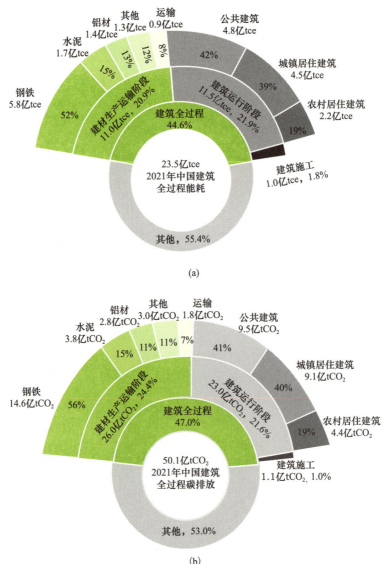

图 1.1-1 2021 年我国建筑全过程能耗与碳排放总量及占比情况
(a)能耗;(b)碳排放

1.1.2 建筑业发展与建筑能耗增长

近年来,我国城镇化高速发展。2021 年,我国城镇人口达到 9.14 亿,农村人口 4.98 亿,城镇化率从 2001 年的 37.7% 增长到 64.7%。快速城镇化带动了建筑业持续发展,其产业规模不断扩大。2007~2021 年,我国建筑业迅速发展,城乡建筑面积大幅增加。分阶段来看，2007~2014年为快速增长阶段，民用建筑竣工面积从每年20亿 m² 左右快速增长至超过每年40亿 m²。2014~2019 年为稳定阶段，民用建筑每年的竣工面积基本维持在40亿 m² 以上。2020年，建设速度放缓，民用建筑竣工面积下降至38亿 m²。2021年，民用建筑竣工面积回升至41亿 m²。其中城镇住宅和公共建筑的竣工面积由2014年的36亿 m² 左右，缓慢下降至2020年的33.4亿 m²，再回升至2021年的34.9亿 m²。

每年大量的竣工建筑使得我国建筑面积的存量不断高速增长，2021年我国建筑面积高达678亿 m²，其中城镇住宅建筑面积305亿 m²、农村住宅建筑面积226亿 m²、公共建筑面积147亿 m²。北方城镇供暖面积162亿 m²（图 1.1-2）。

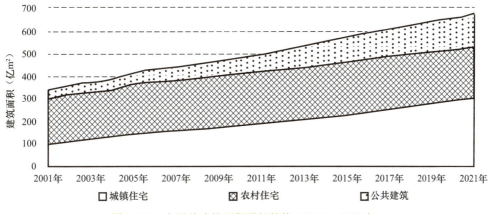

图 1.1-2 中国总建筑面积增长趋势（2001~2021 年）

随着经济社会的发展，我国居民生活水平不断提升。2010~2021 年，我国人均 GDP 从 4550 美元增长到 12551 美元，建筑能耗总量及其中电力消耗量亦伴随着大幅增长。2021 年全社会的建筑用电量超过 2.2 万亿 kWh。2021 年建筑运行的总商品能耗为 11.1 亿 tce，约占全国能源消费总量的 21%，建筑商品能耗和生物质能共计 12 亿 tce（其中生物质能约 0.9 亿 tce）。

2021 年北方城镇供暖能耗为 2.12 亿 tce，占全国建筑总能耗的 19%。2001~2021 年，北方城镇建筑供暖面积从 50 亿 m² 增长到 162 亿 m²，增加了 2 倍多，而能耗总量增加不到 1 倍，能耗总量的增长明显低于建筑面积的增长，体现了节能工作取得的显著成绩——平均单位面积供暖能耗从 2001 年的 23kgce/m² 降低到 2021 年的 13.1kgce/m²，降幅明显。

2021 年城镇住宅能耗（不含北方供暖）为 2.78 亿 tce，占建筑总商品能耗的 1/4，其中电力消耗 6051 亿 kWh。随着我国经济社会的发展，居民生活水平不断提升，2001 年到 2021 年城镇住宅能耗年平均增长率高达 7%，2021 年各终端用电量增长至 2001 年的 5 倍。2021 年农村住宅的商品能耗为 2.32 亿 tce，占全国当年建筑总能耗的 21%，其中电力消耗为 3754 亿 kWh，此外，农村生物质能（秸秆、薪柴）的消耗约折合为 0.9 亿 tce。随着城镇化的发展，2001~2021 年农村人口从 8 亿人减少到 5 亿人，而农村住宅建筑的规模已经基本稳定在 230 亿 m² 左右，并在近些年开始缓慢下降。

1.1.3 建筑节能发展趋势[1]

我国的建筑节能工作由易到难、从点到面,得到了稳步推进,如图 1.1-3 所示。建筑节能设计标准作为体现与推行国家建筑节能政策的技术依据和有效手段,发挥了重要作用。我国第一部建筑节能标准《民用建筑节能设计标准(采暖居住建筑部分)》JGJ 26—86(试行)于 1986 年发布。随后的 30 年间,我国建筑节能标准从北方供暖地区居住建筑起步,逐步扩展到了夏热冬冷地区、夏热冬暖地区,且扩展到了公共建筑领域,建筑节能标准完成了节能率 30%、50% 到 65% 三步走的跨越。

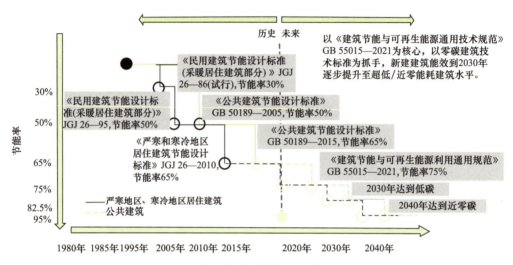

图 1.1-3 中国建筑节能标准 30 年发展概况

1. 起步阶段(20 世纪 80 年代初～20 世纪 90 年代初)

从 1986 年我国第一部建筑节能设计标准《民用建筑节能设计标准(采暖居住建筑部分)》JGJ 26—86(试行)开始到 1995 年完成对该标准的修编,这个时期是我国建筑节能工作的初级阶段,节能率目标为 30%,仅针对严寒地区和寒冷地区,这也是建筑节能的最低要求。该标准的节能目标为将供暖能耗在当地 1980～1981 年住宅通用设计的基础上节能 30%,其中建筑约承担 20%、供暖系统约承担 10%。执行此标准,可大大改善室内热环境条件,节能投资不超过土建工程造价的 5%,投资回收期为 10～15 年。

2. 成长发展期(1995～2005 年)

在起步阶段的十多年间,我国在建筑节能事业开展了大量基础性研究工作,为建筑节能的进一步发展奠定了坚实的基础。以目标节能率为 50% 的《民用建筑节能设计标准(采暖居住建筑部分)》JGJ 26—95 的发布实施为标志,我国建筑节能工作开始迈入成长发展期,而这一阶段也是我国初步健全建筑节能设计标准体系的时期。在此期间,修订完成了《民用建筑节能设计标准(采暖居住建筑部分)》JGJ 26—95,制定了《夏热冬冷地区居住建筑节能设计标准》JGJ 134—2001、《夏热冬暖地区居住建筑节能设计标准》JGJ 75—2003、《公共建筑节能设计标准》GB 50189—2005。这个阶段我国的建筑节能工作已经步

---

[1] 本节所提及标准均是以当时的现行版本为准。

入了正轨。

这个阶段的居住建筑节能设计标准，除了提高围护结构方面的节能要求，还加强了暖通空调系统方面的节能要求。与基础建筑相比有了较大的改善，但是与发达国家的相关节能标准相比，还有相当的差距。以《民用建筑节能设计标准（采暖居住建筑部分）》JGJ 26—95 为例，围护结构的传热系数和国外标准相比，外墙高 2.6～3.6 倍、屋顶高 3.2～4.2 倍、外窗高 1.4～2.0 倍。也就是说，即使按《民用建筑节能设计标准（采暖居住建筑部分）》JGJ 26—95 进行设计，建成后的居住建筑的供暖能耗还要比发达国家高一倍。

3. 全面推进期（2005 年至今）

"十一五"时期，我国大力建设资源节约型、环境友好型社会。在该阶段，逐步完成了建筑节能标准的修订和完善。2005 年 7 月 1 日，《公共建筑节能设计标准》GB 50189—2005 实施，其前身为《旅游旅馆建筑热工与空气调节节能设计标准》GB 50189—93，这是我国第一本针对公共建筑的节能设计标准。该标准提出了与 20 世纪 80 年代初设计建成的公共建筑相比，在保证相同的室内热环境舒适健康参数条件下，全年供暖、通风、空气调节和照明的总能耗应减少 50% 的节能目标，大力推进了公共建筑的节能工作，同时也带动了制冷行业的技术进步。

这一阶段也是现行节能设计标准全面修订时期。2010 年，《民用建筑节能设计标准（采暖居住建筑部分）》JGJ 26—95 率先完成修订，并更名为《严寒和寒冷地区居住建筑节能设计标准》JGJ 26—2010，节能目标提高到 65%。夏热冬冷、夏热冬暖地区居住建筑节能设计要求也在不断提高。2015 年，《公共建筑节能设计标准》GB 50189—2015 发布实施，《温和地区居住建筑节能设计标准》也已立项编制。

较于建筑节能，可再生能源在建筑中的应用起步较晚，但发展较快。2005 年，《中华人民共和国可再生能源法》公布施行，为我国可再生能源的快速发展奠定了基础。目前我国的可再生能源建筑应用体系主要集中在太阳能、地源能应用。近年来，太阳能热水、供暖、空调、光伏等建筑应用标准，地源热泵工程应用标准及相关产品标准相继发布，基本形成了可再生能源建筑应用标准体系。

20 世纪 90 年代，"绿色建筑"概念引入我国。2006 年，我国发布了第一部绿色建筑标准——《绿色建筑评价标准》GB/T 50378—2006，标志着我国建筑节能进入了绿色建筑阶段；2010 年，《民用建筑绿色设计规范》JGJ/T 229—2010 发布。2019 年，《绿色建筑评价标准》GB/T 50378—2019 开始实施，而且不同类型公共建筑绿色评价标准纷纷立项，并已从民用建筑扩展到工业建筑，形成了以《绿色建筑评价标准》GB/T 50378—2019 为核心的标准体系。

2019 年，《近零能耗建筑技术标准》GB/T 51350—2019、《近零能耗建筑测评标准》T/CABEE 003—2019 和《建筑碳排放计算标准》GB/T 51366—2019 发布，对制定零碳建筑认定和评价方法具有重要的指导意义；2021 年，我国发布了《建筑节能与可再生能源利用通用规范》GB 55015—2021，该标准把严寒和寒冷地区居住建筑评级节能率提升至 75%，公共建筑平均节能率提升至 72%；《零碳建筑技术标准》T/CABEE 080—2024 的编制已于 2021 年 4 月 9 日启动；《零碳建筑认定和评价指南》T/CASE 00—2021 于 2021 年正式实施，是我国首个零碳建筑标准，将助力建筑从绿色建筑、超低能耗建筑、近零碳建筑进一步向零碳建筑迈进。

截至 2010 年底，全国城镇新建建筑设计阶段执行节能强制性标准的比例为 99.5%，比 2005 年提高了 42%。全年新增节能建筑面积 12.2 亿 m^2，形成 1150 万 tce 的节能能力。"十一五"期间，累计建成节能建筑面积 48.57 亿 m^2，共形成 4600 万 tce 的节能能力。全国城镇节能建筑面积占既有建筑总面积 23.1%，北京、天津、上海、重庆、河北、吉林、辽宁、江苏、宁夏、青海、新疆等省（区、市）超过 30%。

"十二五"期间，城镇新建建筑执行节能强制性标准的质量和水平不断提高，截至 2015 年底，执行强制性标准的比例基本达到 100%，共形成超过 1 亿 tce 的节能能力。绿色建筑、可再生能源建筑应用规模不断扩大，全国共有 3979 个项目获得了绿色建筑评价标识，省会以上城市保障性安居工程开始全面强制执行绿色建筑标准。"十二五"期间，全国累计新建绿色建筑面积超过 10 亿 m^2，完成既有居住建筑供热计量及节能改造面积 9.9 亿 m^2，完成公共建筑节能改造面积 4450 万 m^2。

近年来，住房和城乡建设部通过多种途径提高建筑保温水平，包括：建立覆盖不同气候区、不同建筑类型的建筑节能设计标准体系，从 2004 年底开始的节能专项审查工作，以及"十三五"期间开展的既有居住建筑改造。"十三五"期间，我国严寒、寒冷地区城镇新建居住建筑的节能设计标准已经提升至"75%节能标准"，累计建设完成超低、近零能耗建筑面积近 0.1 亿 m^2，完成既有居住建筑节能改造面积 5.14 亿 m^2、公共建筑节能改造面积 1.85 亿 m^2。这三方面工作使得我国建筑的整体保温水平大大提高，起到了降低建筑实际需热量的作用。

1.2 建筑中可再生能源利用概况

1.2.1 我国可再生能源资源与分布

一般来说，可再生能源是相对常规能源而言的，常规能源是指技术上比较成熟且已被大规模利用的能源。国际能源署（IEA）对可再生能源的定义是：该能源起源于可持续不断的自然过程中的能量，其实质都是直接或者间接来自太阳或地球内部所产生的热能。太阳能、地热能、风能、生物质能等都属于可再生能源。

1. 太阳能

我国具有比较丰富的太阳能资源，全国有 2/3 以上的地区年辐射总量大于 $5.02 \times 10^3 MJ/m^2$，年日照时数在 2000h 以上。我国太阳能资源年辐射总量约为 $5 \times 10^{16} MJ$，相当于 2.4×10^4 亿 tce。

我国幅员辽阔，气候条件复杂，太阳能辐射分布有较大的地域差异，按照年日照时数和年辐射量可将我国太阳能资源地区分为五类，如表 1.2-1 所示。结合我国供暖划分区域可知，大部分太阳能丰富地区需要进行供暖。因此，在我国利用太阳能供暖技术具有一定的基础条件。

由于我国地理环境形成的大陆性气候，我国太阳能资源分布具有如下特点：在北纬 22°至北纬 35°地区，形成紧邻的两个太阳能辐射强度中心——青藏高原高值中心和四川盆地低值中心；太阳年辐射总量则基本上是西高东低、北高南低。在北纬 30°至北纬 40°地区，太阳年辐射总量的分布情况呈现与一般的年辐射总量随纬度而变化的规律相反的情况,不是随纬度的增加而减少,而是随纬度的增加而增大。

我国太阳能资源区划　　　　　表 1.2-1

分区	年日照时数 (h/a)	年辐射量 [MJ/(m²·a)]	主要地区
太阳能资源 最丰富地区	3200~3300	6680~8400	宁夏北部、甘肃北部、新疆南部、青海西部、西藏西部
太阳能资源 较丰富地区	3000~3200	5852~6680	河北西北部、山西北部、内蒙古南部、宁夏南部、甘肃中部、青海东部、西藏东南部、新疆南部
太阳能资源 中等地区	2200~3000	5016~5852	山东、河南、河北东南部、山西南部、新疆北部、吉林、辽宁、云南、陕西北部、甘肃东南部、广东南部
太阳能资源 较差地区	1400~2000	4180~5016	湖南、广西、江西、浙江、湖北、福建北部、广东北部、陕西南部、安徽南部
太阳能资源 最差地区	1000~1400	3344~4180	四川大部分地区、贵州

2. 地热能

我国地热资源丰富且种类繁多,根据地热成因、埋藏深度及热流传输方式等因素,可将地热能大致分为三类,即浅层地热能型(埋深小于或等于200m)、水热型地热能(埋深为200~3000m)和干热岩型地热能(埋深大于3000m)。因受构造运动、水文地质条件、岩浆活动等多重因素的影响,我国地热资源总体分布不均匀,但具有明显的规律性和地带性,总体呈现"东高中低,西北低西南高"的热流格局。

浅层地热能资源分布广泛,几乎遍布全国各地,其分布情况主要与浅层地温场恒温带有关,根据埋深情况表现为东北地区和西北地区高,而东南地区低。根据中国地质调查局发布的《中国地热资源调查报告》,我国浅层地热能开发的有利地区主要位于华东地区(上海、山东、江苏、浙江、安徽、江西)、华北地区(北京、天津、河北)、华中地区(河南、湖北、湖南)及东北地区(辽宁)。

水热型地热资源根据温度进行划分,主要分为低温地热资源、中温地热资源和高温地热资源。低温地热资源主要指温度低于90℃的水热型地热能,中温地热资源主要指温度为90~150℃的水热型地热能,高温地热资源主要指温度高于150℃的水热型地热能。我国水热型地热资源以中、低温型为主,是水热型地热能开发利用的潜力区,主要分布在一些大中型沉积盆地(松辽、华北、汾渭等)、东南沿海闽琼粤地区构造裂隙型地热带,高温地热资源具有明显的区域性,主要分布在我国藏南-川西-滇西水热活动密集带。

我国干热岩资源潜力巨大,占全部地热资源的98%以上,主要分为高热流花岗石型、沉积盆地型、近代火山型和强烈构造活动带型4种类型。从分布地区来划分干热岩地热资源量,青藏高原资源潜力最大且温度最高,总资源量占大陆地区的20.5%;其次为华北地区、东南沿海地区和东北地区,占比分别为8.6%、8.2%、5.2%。

全国336个主要城市浅层地热能年可开采资源量折合7亿tce;中深层水热型地热资源量折合$1.25×10^4$亿tce,年可开采资源量折合19亿tce;深层(埋深为3~10km)干热岩资源量相当于$856×10^4$亿tce。

3. 风能

我国风能资源丰富，开发潜力巨大。根据全国 900 多个气象站记录的离地 10m 高的风能资料进行估算，全国平均风功率密度为 100W/m²，风能资源总储量约 32.26 亿 kW，可开发和利用的陆地上风能储量有 2.53 亿 kW，近海可开发和利用的风能储量有 7.5 亿 kW，共计约 10 亿 kW。

我国风能最丰富的地区主要分布在"三北"地区，即东北地区、华北北部地区和西北地区，其次是沿海地区。在辽宁、吉林、黑龙江、河北、内蒙古、甘肃、宁夏和新疆等地一线，由北向南近 200km 宽的地带，是连成一片的最大风能资源丰富区，其风能资源储量为 3.7×10^9 kW；在山东、江苏、上海、浙江、福建、广东、广西和海南等地沿海一线，近海 10km 宽的地带风能资源储量为 2.3×10^8 kW。

如果陆上风电年上网电量按等效满负荷 2000h 计，每年可提供 5000 亿 kWh 电量，海上风电年上网电量按等效满负荷 2500h 计，每年可提供 1.8 万亿 kWh 电量，合计 2.3 万亿 kWh 电量。

4. 生物质能

绿色植物通过叶绿素将太阳能转化为化学能并贮存在生物质内部的能量称为生物质能。所有来源于动植物的能源物质（矿物燃料除外）均属于生物质能，通常包括木材、森林废弃物、农业废弃物、油料植物、城市和工业有机废弃物、动物粪便等。生物质能主要有直接燃烧、热化学转换和生物化学转换 3 种利用方式，目前的主要利用方式是热化学转换和生物化学转换。

农业废弃物、森林和林产品剩余物及城市生活垃圾等是我国生物质能源的主要来源。我国的农业废弃物资源分布广泛，每年的农业秸秆产量超过 6 亿 t，农产品加工和畜牧业废弃物理论上可以产生沼气近 800 亿 m³。目前，我国生物质能源的开发和利用仍然以传统的燃烧技术为主，生物质气化、液化和发电等技术仍处在发展期。

1.2.2 建筑中可再生能源利用类型

当前，零碳建筑成为可再生能源技术应用的未来趋势，这种建筑模式将建筑能源的需求转向太阳能、地热能、生物质能等可再生能源，为建筑与环境的和谐共生寻找最佳方案。由此可见，可再生能源建筑应用技术是建筑节能和低碳发展的关键。当前，可再生能源在建筑中的应用技术形式主要集中在太阳能供热、地源热泵供热、生物质能供暖、空气源热泵供热、风光水绿电供能等领域。

太阳能作为可再生能源中蕴含能量最大、应用潜力最高、使用范围最广的重要能源，已得到广泛利用。将太阳辐射能转换为热能，替代常规能源向建筑物供热水、供暖，既可降低常规能源消耗，又可降低相应的 CO_2 排放，是实现我国碳中和目标的重要技术措施。主要分为太阳能热水系统、太阳能供暖系统以及太阳能供暖空调等复合应用系统。目前，常见的是太阳能热水系统、太阳能供暖系统。

1. 太阳能热水系统

太阳能热水系统是当前太阳能热利用技术中最成熟、最经济及最具竞争力的技术之一，具有应用广泛和产业化发展的特性。太阳能热水系统主要包括集热器、蓄热水箱、循环管路、循环泵、控制部件等。按容量的不同其可分为户用太阳能热水器和供大型浴室、集合式住宅及商用的太阳能热水工程。这两种系统之间本质上没有差别，只是在水容量的多少和热量传递方式上有所不同。

2. 太阳能供暖系统

太阳能供暖系统是太阳能热利用的重要形式之一，通过太阳能集热器吸收热量后传递给作为媒介的水，水升温后循环流动，通过散热部件将热量与建筑内的冷空气进行热交换传递至室内，从而达到提高室内温度的目的。该系统由集热器、蓄热水箱、供热水箱、换热器、连接管路、循环泵、辅助热源、散热部件以及控制系统等组成，它们协同合作确保系统的稳定运行和高效供暖。

太阳能供暖系统利用太阳辐射能安全、环保、无污染，高效节能且大幅度降低运行成本。同时智能化控制技术应用便捷，温差循环控制系统的引入，使得系统能够自动循环、防冻，确保在各种环境条件下都能稳定运行；在阴雨天气，可与任意辅助热源进行切换，满足了各种天气条件下的供暖需求。此外，太阳能供暖系统根据建筑的特点灵活选择安装地点，实现了与建筑的完美融合，同时确保了系统的使用寿命。

1.3　建筑中太阳能热利用概况

1.3.1　建筑中太阳能热利用发展历史

建筑中太阳能热利用发展历史可以分为以下几个阶段：

1. 19 世纪初期至 19 世纪末期

近代建筑中太阳能热利用的历史一般从 19 世纪工业革命时期算起。这个时期，随着工业化进程的加速和能源需求的增长，人们开始更加关注能源的利用效率和环境保护。太阳能的利用主要体现在太阳能动力装置，采用聚光器将阳光聚集在蒸汽锅炉上，产生蒸汽驱动蒸汽机。受限于当时的技术条件以及煤炭在蒸汽机中的利用，太阳能蒸汽机的实用价值不大，因此也很少得以应用。太阳能集热器的早期原型是由法国物理学家阿古斯坦·莫彻尔于 1860 年发明的太阳能蒸汽发动机。这个发明利用了镜面反射将太阳光聚焦到一个集热器上，使水加热并产生蒸汽，从而驱动发动机。虽然这个早期原型在技术上还比较简单，但它标志着太阳能热利用技术的起步，并为后续更复杂的太阳能集热器设计奠定了基础。19 世纪 80 年代初出现的闷晒式太阳热水器，为太阳能热水在建筑中的利用奠定了基础。此后，随着科技的不断进步和人们对可再生能源的重视，太阳能热利用技术得到了更广泛的发展和应用。

2. 20 世纪初期至 20 世纪 60 年代中期

这一阶段，太阳能开发利用逐渐倾向太阳能热水器，期间出现了工质可循环的简易太阳能热水器。由于化石燃料的大量开发利用以及受经济危机和第二次世界大战的影响，太阳能不能解决当时社会对能源的急迫需求，太阳能的开发利用在当时逐渐受到冷落，发展较为缓慢。由于第二次世界大战期间石油等化石能源被大量开采与消耗，一些国家开始意识到依靠资源有限的化石能源来满足人类日益增长的能源需要非长久之计，于是开始重视太阳能的开发利用，从而逐渐推动了太阳能研究工作的恢复和开展，太阳能研究进一步兴起。太阳能供暖建筑始于 20 世纪 30 年代，各国开始对被动式太阳房进行试验研究，并于

20世纪50年代在被动式太阳房技术上取得较大突破。20世纪50年代，被动式太阳能供暖中具有代表性的Trombe墙式被动式太阳房被提出。20世纪60年代，太阳能制冷空调也取得较大进展。这一阶段，太阳能利用处于蓬勃发展阶段。

3. 20世纪60年代中期至20世纪80年代末期

这一时期，太阳能利用进入平缓发展阶段，由于太阳能技术还不够成熟，相对于石油、煤炭等能源，费用较高，尚未受到足够重视。1973年，世界发生了第一次能源危机，从而使许多国家，尤其是工业发达国家，加大了对太阳能及其他可再生能源技术发展的支持，在世界上兴起了开发利用太阳能的热潮，太阳能利用的技术领域进一步扩大，如真空管集热器、太阳能集中供暖、中高温太阳能热发电等，太阳能热水器等产品开始进入商品化发展。从20世纪70年代开始，一些发达国家将太阳房列入发展研究计划，使得被动式太阳能供暖得到进一步发展。太阳能的开发利用进入20世纪80年代后不久开始"落潮"，逐渐进入低谷。这主要由于世界石油价格大幅度回落，而太阳能产品价格居高不下，缺乏竞争力。太阳能利用技术没有重大突破，核发电等核能利用也对太阳能发展起到了一定抑制作用。

4. 20世纪90年代初期至今

大量化石能源的消耗，造成了全球性的环境污染和生态破坏，对人类的生存和发展构成威胁。太阳能利用和环境保护紧密结合在一起，太阳能利用逐渐进入快速发展阶段。随着科技水平的快速发展，太阳能产品进入了大规模产业化开发与应用阶段。目前太阳能利用发展已经广泛应用到工业、农业、科技、国防等方方面面，太阳能利用的发展前景光明。

如图1.3-1所示，我国建筑中太阳能利用的发展历程可以清晰划分为4个主要阶段：

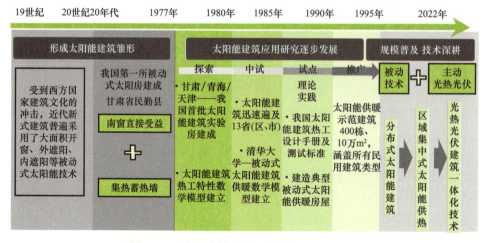

图1.3-1 我国建筑中太阳能利用的发展历程

太阳能建筑雏形阶段（19世纪至20世纪20年代）：受西方建筑文化的影响，尤其是欧美国家的建筑理念影响，我国早期的建筑逐渐引入了被动式太阳能技术。这一时期主要通过大面积的南向开窗、外遮阳和内遮阳等措施直接利用太阳能，典型技术包括南窗直接采光和集热蓄热墙。被动式技术逐渐融入建筑设计中，太阳能利用初具雏形，奠定了后续技术发展的基础。

太阳能建筑应用研究的探索与发展阶段（1977～1995年）：1977年，我国在甘肃启动了第一批太阳能建筑实验，标志着太阳能建筑应用的正式起步。在20世纪80年代，通过在甘肃、青海等省份的项目，进行了广泛的探索实验。1985年，共有13个省（区、市）的太阳能建筑试点项目进一步将理论付诸实践，推动了太阳能建筑设计、施工和测试体系的建立。这一阶段的研究与实验为太阳能技术的应用奠定了坚实的理论基础和提供了宝贵的实践经验。

规模推广阶段（1990～2022年）：在这一阶段，太阳能建筑技术从实验走向了大规模的推广应用。1990年后，全国共建成了400栋太阳能供暖示范建筑，建筑面积达到10万 m^2，覆盖了几乎所有建筑类型。通过示范项目，太阳能供暖技术在集中供热和分布式供热领域得到了大规模应用。这一阶段标志着太阳能建筑技术的广泛普及，推动了该技术在全国的落地。与此同时，太阳能建筑技术逐步从被动式技术向主动式技术过渡，光热和光伏一体化技术得到了广泛应用。技术的不断深化不仅提高了太阳能利用的效率，也促进了区域性集中供热和分布式太阳能建筑的结合，推动了太阳能建筑的整体技术体系不断迈向成熟与完善。

通过以上4个阶段的发展，我国太阳能建筑从理论探索、实验测试，逐步走向了大规模的推广应用和技术的全面深化，为实现可持续发展的绿色低碳建筑奠定了坚实基础。

1.3.2 建筑中太阳能热利用技术类型

1. 被动式太阳房空气供暖技术

被动式太阳房的供暖原理基于利用自然能源，特别是太阳能，通过建筑朝向和周围环境的合理布置、内部空间和外部形体的巧妙处理以及建筑材料和结构构造的恰当选择，使其在冬季能收集、保持、储存、分布太阳热能，从而实现室内的高效热管理。如图1.3-2所示，该系统通过大面积的南向窗户和透明材料最大化太阳辐射的被动采集，并利用高热容材料如混凝土和砖石储存白天吸收的热能，这些材料在夜间或阴天缓慢释放热量以维持室内温度的稳定。此外，被动式太阳房通过高效隔热材料和设计降低热损失，结合自然通风系统调节室内空气流动和温度。通过这些综合措施，被动式太阳房实现了在减少外部能源依赖的情况下对室内环境的有效调控，体现了可持续建筑设计的理念。

图1.3-2 被动式太阳能热利用工程实例

被动式供暖技术应用范围广、造价低、可以在增加少许或几乎不增加投资的情况下完成，在中小型建筑中最为常见。我国青海省刚察县泉吉邮电所是一座早期试建的被动式太阳房，一直使用良好。当地海拔3301m，冬季供暖期长达7个月，最低气温为－22～

15℃。在不使用辅助热源的情况下,太阳房的温度一般维持在10℃以上。该太阳房始建于1979年,造价比当地普通房屋略高,但每年能节约大量的供暖用煤,经济上合算,而且舒适度远远超过该地同类普通建筑。

被动式太阳房形式多样,分类方法也不同。就其基本类型而言,目前有两种分类方式:一种是按照传热过程分类;另一种是按照集热形式分类。

按照传热过程的区别,被动式太阳房可分为直接受益式和间接受益式。

直接受益式是指阳光透过窗户直接进入供暖房间。间接受益式是指阳光不直接进入供暖房间,而是首先照射在集热部件上,通过导热或空气循环将热能送入室内。

按照集热形式的基本类型,被动式太阳房可分为直接受益式、集热蓄热墙式、附加阳光间式、蓄热屋顶池式、对流环路式5类。

2. 主动太阳能建筑空气供暖技术

主动太阳能建筑空气供暖技术是利用集热器、蓄热水箱、管道、风机及泵等设备来收集、蓄存及输配太阳能的系统。该系统通过太阳能集热器直接加热空气进行供暖,要求热源的温度比较低,为50℃左右,集热器具有较高的效率。

因太阳辐射具有间歇性和不稳定性,为保证室内能够稳定供暖,对较大规模的住宅和办公楼通常需配备辅助热水锅炉。来自太阳能集热器的热水先送至蓄热水箱中,再经过三通阀将蓄热水箱和锅炉中的热水进行混合,然后送到室内暖风机组给房间供热。这种太阳房可全年供热水。除基础空气供暖系统外,太阳能供暖技术在实际应用中还存在以下两种典型架构:①热水集热+热风供暖系统:利用热水加热空气后向房间送暖风;②热风集热+热风供暖系统:直接采用太阳能空气集热器。热风供暖系统的主要缺点是送风机噪声较大且风机功率消耗较高;其优点为集热器无需防冻措施(空气介质无冻结风险),可直接用于供暖且控制简便,但需更大的集热面积(因空气比热容小于水,需更多热量补偿)。

主动式太阳能建筑空气供暖系统按照集热器形式分为以下3种类型:

(1) 空气集热器式。在建筑的向阳面设置太阳能空气集热器,用风机将空气通过碎石储热层送入建筑物内,并与辅助热源配合。因为空气的比热容小,从集热器内表面传给空气的传热系数低,所以需要大面积的集热器,而且该形式热效率较低。

(2) 集热屋面式。把集热器放在坡屋面,用混凝土地板作为蓄热体的系统,例如,日本的OM阳光体系住宅。冬季,室外空气被屋面下的通气槽引入,积蓄在屋檐下,被安装在屋顶上玻璃集热板加热,上升到屋顶最高处,通过通气管和空气处理器进入垂直风道转入地下室,加热室内厚水泥地板,同时热空气从地板通风口流入室内。该系统也可以在加热室外新鲜空气的同时加热室内冷空气,但是需要在室内上空设风机和风口,把空气吸入并送到屋面集热板下。

(3) 窗户集热板式。窗户集热板式系统由玻璃盒子单元、百叶集热板、蓄热单元、风扇和风管等组合而成。玻璃夹层中的集热板把太阳能转换为热能,加热空气,空气在风扇驱动下沿风管流向建筑内部的蓄热单元。在流动过程中,加热的空气与室内空气完全隔绝。集热单元安装在向阳面,空气可加热到30~70℃。集热单元的内外两层均采用高热阻玻璃,不但可以减少热散失,还可以防止辐射过大对室内造成不利影响。不需要集热时,集热板调整角度,使阳光直接入射室内。夜间集热板闭合,减少室内热散失。蓄热单元可以用卵石等蓄热材料水平布置在地下，也可以垂直布置在建筑中心位置。集热面积约占建筑面积的 1/3，最多可节约 10% 的供热能量，其效果与阳光间具有相似之处，适用于太阳辐射强度大、昼夜温差大的地区的低层或多层居住建筑和小型办公建筑。

3. 太阳能热水供暖技术

太阳能热水供暖系统是指以太阳能为热源，通过集热器收集太阳能，以水为热媒，进行供暖的技术。太阳能热水技术与太阳能空气供暖技术的主要区别是热媒不同。以太阳能热水辐射供暖技术为例，太阳能热水辐射供暖热媒的低温热水温度为 30~60℃，这就使利用太阳能作为热源成为可能。太阳能地面辐射供暖系统是一种将集热器采集的太阳能作为热源，通过敷设于地面中的盘管加热地面进行供暖的系统（图 1.3-3），该系统是以整个地面作为散热面，传热方式以辐射散热为主，其辐射换热量占总换热量的 60% 以上。

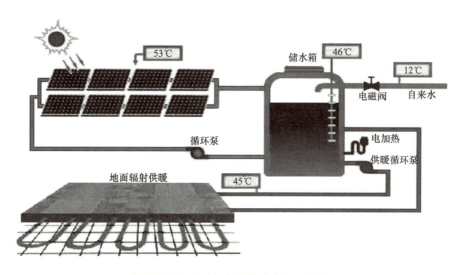

图 1.3-3 主动式太阳能热水供暖系统

1.3.3 国外建筑中太阳能热利用发展现状

20 世纪 60 年代，法国建筑师菲利克斯·特朗勃（Felix Trombe）发明了一种利用太阳能进行被动取暖的结构，该结构以其名字命名——Trombe 墙（即特朗勃墙），见图 1.3-4。Trombe 墙迅速在全球范围内得到了广泛的应用和发展。图 1.3-5 展示了一年四季 Trombe 墙热量传递过程。Trombe 墙是由朝南的重质墙体与相隔一定距离的玻璃盖板组成，通过吸收和储存太阳能来加热建筑物内部，具有节能、环保的特点。近年来，随着绿色建筑和可持续设计理念的普及，Trombe 墙在美国、法国、中国等国家的生态住宅和公共建筑项目中得到了越来越多的应用和认可。技术方面的创新和优化，如更高效的蓄热材料、改进的玻璃层设计以及智能控制系统，使得 Trombe 墙的性能和适用性不断提升。这种技术不仅显著减少了建筑物的供暖能源消耗和碳排放，还提高了室内环境的热舒适性。未来，随着对可再生能源利用和建筑节能要求的进一步提高，Trombe 墙有望在更多地区和更多类型的建筑中推广应用，助力全球应对气候变化和能源危机。

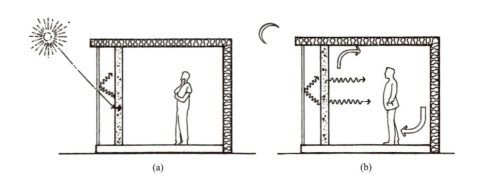

图 1.3-4 Trombe 墙式太阳房
(a) 集热墙集热；(b) 集热墙散热

图 1.3-5 一年四季 Trombe 墙热量传递过程示意图
(a) 冬季白天；(b) 冬季夜晚；(c) 夏季白天；(d) 夏季夜晚

从 20 世纪 70 年代初期开始，随着对能源危机关注度的提升和可再生能源技术的发展，太阳能房的概念逐渐在美国兴起。首批太阳能房项目旨在利用被动太阳能设计原则，例如大面积的南向窗户和热贮存墙体，最大化利用太阳能进行供暖，从而减少对传统能源的依赖。20 世纪 80 年代至 20 世纪 90 年代，美国的系列太阳能房通过多种太阳能热利用技术的综合应用，包括太阳能热水器、被动式太阳能设计和太阳能电池板等，积极推动了太阳能热利用技术的发展。这些房屋不仅利用南向窗户和蓄热墙最大化冬季阳光的供暖效益，还通过优化绝缘和隔热材料，有效降低了能源消耗。在商业和住宅项目中的广泛应用，如加利福尼亚州和科罗拉多州的太阳能社区和 LEED 认证建筑，进一步证明了这些技术的成熟和可靠性。随着技术的不断进步和社会对可持续发展的日益重视，美国系列太阳能房在推广可再生能源和减少碳足迹方面发挥着越来越重要的作用，为未来能源可持续利用和环保建设提供了重要示范和实践。

在近 40 年的时间里，丹麦在太阳能集中热利用领域取得了显著进展，具备多个大规模的太阳能集中供热系统（图 1.3-6），这些系统采用高效的平板集热器和真空管集热器，并结合生物质能、热泵等其他热源，以提高系统整体效率和稳定性。政府的政策支持与财政补贴促进了太阳能集中供热技术的广泛应用，使丹麦在该领域处于全球领先地位。

在跨季节蓄热技术方面，丹麦广泛应用地下水蓄热（Aquifer Thermal Energy Storage，ATES）（图 1.3-7、图 1.3-8）和土壤蓄热（Borehole Thermal Energy Storage，BTES）等多种蓄热介质，通过先进的控制系统实现高效运行。多个示范项目如 Marstal 和 Dronninglund 展示了跨季节蓄热技术的可行性和高效性，为实现低碳排放和高能源利用效率提供了有力支持。

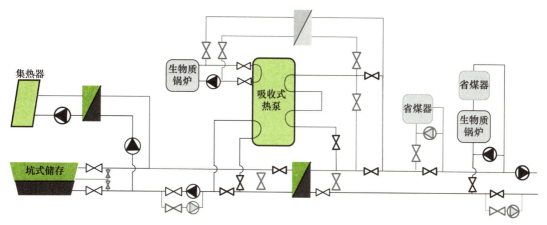

图1.3-6 太阳能区域供热系统原理

图1.3-7 PTES❶和太阳能集热器场的鸟瞰图

图1.3-8 Dronninglund PTES的底部衬垫

丹麦、芬兰等北欧国家在大规模跨季节蓄热领域已经有了40余年的研究历史，引领着太阳能大规模蓄热技术发展，尤其在太阳能蓄热水体分层、掺混机理等领域取得了系列成果。

1.3.4 建筑中太阳能热利用发展趋势

1. 太阳能在建筑中的高效应用

未来建筑中太阳能热利用的发展趋势表现出向着高效、智能化和可持续的方向演进。随着技术的进步和环境意识的提高，太阳能热利用在建筑中的应用将更加注重集成度和系统优化。首先，未来的建筑将采用更高效的太阳能集热器和储能技术，以最大化能源利用率并提高系统的可靠性。其次，智能化控制系统的广泛应用将使建筑能够根据天气预报、建筑使用情况和能源需求实时调整太阳能热利用系统的运行状态，从而进一步提升效率和节能效果。最后，随着建筑材料科技的进步，太阳能热集成于建筑外观或结构中的设计趋势将得到增强，从而实现美观与功能性的完美结合。综上所述，未来建筑中太阳能热利用的高质量应用将以创新技术、智能化控制和整体设计集成为主要特征，推动建筑行业向可

---

❶ PTES为ATES的一种类型。

2. 太阳能全面替代常规能源

建筑中太阳能热利用正处于快速发展的阶段，未来趋势显示太阳能有潜力全面替代常规能源。随着技术进步和环境意识增强，建筑行业逐渐向太阳能热系统转变。这种系统利用太阳能将建筑内部的水或空气加热，从而减少对化石能源的依赖，降低碳排放。未来，随着成本的进一步下降和效率的提高，太阳能热利用将有望成为建筑行业的主流选择，为可持续发展和能源安全作出贡献。

3. 主被动太阳能供暖技术集成

建筑领域中，太阳能热利用技术的发展趋势日益向主、被动式太阳能供暖技术集成方向发展。这一趋势主要体现在建筑设计与工程实践中，通过有效整合太阳能热收集、储能与分配系统，以实现建筑环境的自动调节和能源效率的最大化。主动系统如太阳能集热板、蓄热水箱以及热泵等技术，与被动系统如优化的建筑朝向、保温设计和传热表面最大化等相结合，共同作用于建筑热舒适性和能耗降低的目标。这种集成不仅要求技术上的创新和工程实施的高效性，还需要考虑到建筑功能和审美需求的平衡，以及在各种气候条件下的可适应性和可持续性。

4. 全太阳能实现零能耗、零碳化发展

我国自2017年开始实施清洁取暖示范，在清洁取暖过程中煤改气、煤改电和热电联产等是应用较多的清洁取暖方式。太阳能供热供暖等可再生能源供暖技术不仅开展规模化示范应用，未来随着太阳能供热供暖技术的进一步完善及经济性的提升，太阳能供热供暖技术将成为重要的清洁取暖措施之一。这一发展方向凸显了建筑行业在能源效率和环境可持续性方面的迫切需求。通过整合高效的太阳能热技术，建筑能够最大限度地利用可再生能源，减少对传统能源的依赖，从而实现建筑全生命周期的环境友好性和资源节约性。这种转型不仅有助于减少温室气体排放，还能提升建筑自身的能源自给能力，推动建筑行业朝向更加可持续的未来迈进。

1.4 建筑中太阳能热利用主要内容

本书从建筑节能与太阳能热利用的历史和现状出发，系统探讨了建筑中太阳能热利用的各个方面，旨在为实现高效的建筑节能提供理论和实践支持。本书共计10个章节，每个章节都围绕着特定的主题展开，分基础理论（第1~7章）和工程应用（第8~10章）两大部分，以确保读者通过本书能够充分了解太阳能热利用在建筑领域的应用。

第1章，系统梳理我国建筑节能发展历程，分析建筑中可再生能源利用概况，重点阐述太阳能热利用的技术现状及发展趋势，为后续章节奠定理论基础。

第2章，介绍太阳辐射基础知识，探讨大气质量与透明度对太阳辐射的影响，建立逐日、逐时太阳辐射计算模型，为无辐射台站地区太阳辐射计算提供依据。

第3章，分类阐述建筑负荷计算与系统设计所需的太阳辐射参数，提出太阳辐射参数统计方法及适用场景，为建筑热工设计、设备选型及能效评估提供依据。

第4章，揭示太阳辐射在非透明围护结构外表面的光热转化机制，建立传热过程数学模型，提出非平衡保温技术路径，并探讨集热蓄热墙等关键技术的优化策略。

第 5 章，重点描述建筑透明围护结构的整体热过程，分析太阳能在透明围护结构中的透射机理、在不同材料中的选择透过性，以及太阳辐射传热的过程与传热量的计算；技术方面则涉及太阳能的热利用技术、节能控制需求与技术发展。

第 6 章，阐明太阳能建筑热环境成因与动态特征，给出建筑室内表面及空气平衡公式，分析建筑室内热环境的特征，介绍直接受益式、附加阳光间式、集热蓄热墙式太阳能建筑实现室内热环境的稳定与舒适发挥的作用。

第 7 章，介绍太阳能集热器的光热转换原理、太阳能集热器内部动态传热机制及其热损失，探讨太阳能集热器光热利用效率及影响因素，阐述太阳能集热器在建筑供暖和卫生热水系统中的应用原则、设计思路。

第 8 章，总结被动式建筑太阳能热利用技术适宜性及设计要点，结合学校建筑、窑居建筑、牧民定居点等被动式太阳能建筑典型案例，分析技术思路、热环境特征、实际应用效果。

第 9 章，介绍主动式和被动式建筑太阳能组合热利用的匹配关系，分析二者的效果及其对建筑用能的贡献度。通过典型案例，详细介绍主、被动式太阳能热利用的工程概况、设计思路、关键环节、热环境特征及节能效果。

第 10 章，阐述太阳能区域集中供热系统基本原理与设计要点，介绍太阳能区域集中供热工程案例，阐述其系统设计方案、实际运行状况以及节能效益。

第2章　太阳辐射构成与到达地面特征

首先，本章介绍了太阳辐射的基础知识、传播过程以及其在到达地球表面时的特性变化。其次，考虑到太阳辐射全台站监测成本高导致太阳辐射数据缺失的问题，将详细介绍太阳辐射计算模型，为无太阳辐射参数的台站提供太阳辐射参数计算方法。最后，基于太阳辐射计算模型，得到了我国太阳总辐射、散射辐射资源分布情况。

2.1　太阳辐射基础知识

太阳是一个直径约为 1.39×10^9 m 的气态物质球体，距离地球的平均距离为 1.5 亿 km。太阳黑体的有效温度为 5777K，中心温度为 $8\times10^6 \sim 40\times10^6$ K，密度约为水的 100 倍。

2.1.1　近地面太阳辐射传播过程

地球大气外的太阳辐射经过大气层后，受到一系列因素的影响，使实际到达地球表面的太阳辐射有所衰减。一般来说，晴朗天气，赤道上空直射时的太阳辐射只有大气层外的 60%～70%。而阴、雨、雪天，地球表面只能接收到一些散射光。据统计，反射回宇宙的能量约占总量的 30%，被吸收的约占 23%，其余 47% 左右才能到达地球的陆地和海洋表面，如图 2.1-1 所示。

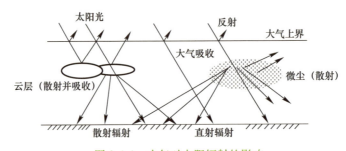

图 2.1-1　大气对太阳辐射的影响

如图 2.1-2 所示，太阳辐射穿过大气层到达地面的过程中，大气中的空气分子、水蒸气和灰尘的吸收、反射和散射不仅减弱了辐射强度，而且改变了其方向和光谱分布。实际到达地面的太阳辐射通常由两部分组成：直射辐射和散射辐射。直射辐射是指直接来自太阳且方向没有明显变化的辐射；散射辐射是指太阳辐射在大气中反射和散射后方向发生变化的太阳辐射。散射辐射和直射辐射之和为总辐射。陆地接收太阳辐射后，向大气方向又发出比太阳辐射波长（0.15～4μm）要长得多的红外辐射，其被称为长波辐射。

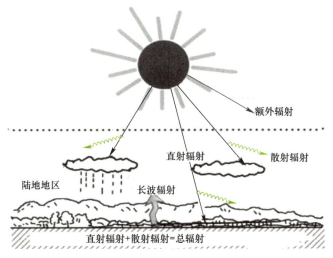

图 2.1-2　近地面太阳辐射传播过程

1. 影响地球表面上太阳辐射能的因素

(1) 天文因素包括：日地距离、太阳赤纬角、太阳时角；

(2) 地理因素包括：地理位置（即地区的纬度和经度）、海拔高度；

(3) 物理因素包括：大气透明度、接收太阳辐射面的表面物理或化学性质（包括表面涂层性质）；

(4) 几何因素包括：接收太阳辐射面的倾斜度、接收太阳辐射面的方位角。

2. 大气层对太阳辐射的衰减作用

大气透明度是表征大气对于太阳光线透明程度的一个参数，记为 P。太阳光线是穿过地球大气之后才到达地面的，因此大气透明度越好，到达地面的太阳辐射就越多。大气透明度与天空云量和大气中所含灰沙等杂质的多少有关。大气层与其他介质一样，也不是完全透明的介质，大气的存在是使地面太阳辐射衰减的主要原因，它对太阳辐射的衰减主要表现为以下 3 方面：

(1) 吸收作用

太阳光谱中的 X 射线及其他一些超短波在电离层被氮、氧等大气成分强烈地吸收；大气中的臭氧对紫外区域的射线的选择性吸收；大气中的气体分子、水汽、CO_2 对波长大于 $0.69\,\mu m$ 的红外区域的射线的选择性吸收；大气中悬浮的固体颗粒和水滴对太阳辐射中各种波长射线的连续性吸收。

(2) 散射作用

大气中悬浮的固体微粒和水滴对太阳辐射中波长大于 $0.69\,\mu m$ 的红外区域的射线的连续性散射。

(3) 漫反射作用

大气中悬浮的各种粉尘对太阳辐射的漫反射，它与大气被污染而变混浊的程度有关。

上述现象称为大气衰减，大气衰减与太阳光线经过大气的路径长短有关，路径越长，衰减越大，随着太阳在地面上方的高度不同，经过路径的长度不同，衰减的程度也不同。

2.1.2 太阳辐射光谱与太阳常数

1. 太阳辐射光谱

电磁辐射是电场和磁场分量以波的形式在空间中传递能量和动量的现象，其特性用波长和频率表示。一个波依次由波谷和波峰组成，因此波长是扩散波中两个相邻周波的相同点之间的距离，而频率是单位时间内的周波数。频率最常用单位为赫兹（Hz），它是时间的倒数（1/s）。频率 f 与波长成反比：

$$f=\frac{\nu}{\lambda} \tag{2.1-1}$$

其中，ν 为波速，真空中 $\nu=c=299792458 \text{m/s}$。在其他媒介中，光速会低于此数值。

各种波在穿越不同媒质之间的边界时，其波长和速度会发生改变，但频率会保持恒定。高频电磁波波长较短但能量较高，而低频电磁波波长较长但能量较低。

电磁辐射的能量是量子化的，因此波是由被称为光子的离散能包组成。它的能量（E）取决于电磁辐射的频率（f），它们的关系用普朗克（Planck）公式表示：

$$E=hf=\frac{h\nu}{\lambda} \tag{2.1-2}$$

其中，h 为普朗克常数（$h \approx 6.6.26069 \times 10^{-34} \text{J} \cdot \text{s}$ 或 $4.13527 \mu\text{eV/GHz}$）。

电磁辐射按波长或频率可分为无线电波、微波、红外线等，它们的波长和频率的界限见表 2.1-1。各区域之间没有固定的截然不同的区分，实际上，相邻电磁辐射类型之间经常存在交叉情况。

电磁辐射光谱的分类　　　　表 2.1-1

范围	波长范围（nm）	频率范围（Hz）
无线电波	$(1 \times 10^9) \sim (1 \times 10^{13})$	$(3 \times 10^4) \sim (3 \times 10^8)$
微波	$(1 \times 10^6) \sim (1 \times 10^9)$	$(3 \times 10^8) \sim (3 \times 10^{11})$
红外线	$800 \sim (1 \times 10^6)$	$(3 \times 10^{11}) \sim (3.75 \times 10^{14})$
可见光	$400 \sim 800$	$(3.75 \times 10^{14}) \sim (7.5 \times 10^{14})$
紫外线	$10 \sim 400$	$(7.5 \times 10^{14}) \sim (3 \times 10^{16})$
X 射线	$(1 \times 10^{-1}) \sim 10$	$(3 \times 10^{16}) \sim (3 \times 10^{18})$
γ 射线	$(1 \times 10^{-5}) \sim (1 \times 10^{-1})$	$(3 \times 10^{18}) \sim (3 \times 10^{22})$

所有温度高于 0K 的物体都会以电磁辐射的形式释放能量。为研究辐射和质量之间的能量交换机制，人们定义了黑体的概念。黑体是一个理想化概念，指完全吸收热辐射、不存在反射和传导的物体。如果黑体是热的，这些特性会使它成为一个理想的热辐射源。黑体的光谱吸收系数（Spectral Absorption Factor）α_λ 等于发射率（Emissivity）ε_λ，称为热辐射的基尔霍夫定律，见式（2.1-3），适用于所有波长。

$$\alpha_\lambda = \varepsilon_\lambda = 1 \tag{2.1-3}$$

对于不是黑体的材料，它的发射率等于材料辐射能量与同温度下黑体辐射的能量之比。任何实际物体的 ε_λ 都小于 1。

在温度 T 下，黑体在所有波长的光谱辐射强度（I_λ^b）都由普朗克定理给出：

$$I_\lambda^b = \frac{C_1}{\lambda^5} \frac{1}{\exp\left(\frac{C_2}{\lambda T}\right)-1} \tag{2.1-4}$$

其中，C_1 为普朗克第一辐射常数，$C_1=3.746\times10^{-16}$ W·m^2；C_2 为普朗克第二辐射常数，$C_2=0.014384$ m·K；T 为绝对温度，K。

将普朗克定理在全部电磁光谱上积分就得到黑体的单位表面积在单位时间辐射的总能量，也称为辐照度。斯蒂芬-玻尔兹曼（Stefan-Boltzmann）定理指出，辐射强度与黑体绝对温度的 4 次方成正比：

$$I^b = \int_0^\infty I_\lambda^b \, d\lambda = \int_0^\infty \frac{C_1}{\lambda^5} \frac{1}{\exp\left(\frac{C_2}{\lambda r}\right)-1} d\lambda = \sigma T^4 \tag{2.1-5}$$

其中，σ 为斯蒂芬-玻尔兹曼常数，$\sigma=5.6697\times10^{-8}$ W/(m^2·K^4)。物体越热，它发出的大部分辐射的波长范围越短，它的最大辐射功率的频率越高。

太阳光谱是一种不同波长的吸收光谱。分为可见光与不可见光 2 部分。可见光的波长为 400～760nm，散射后分为红、橙、黄、绿、青、蓝、紫 7 色，集中起来则为白光。不可见光又分为 2 种：位于红光外区的叫红外线，波长大于 760nm，最长达 5300nm；位于紫光外区的叫紫外线，波长为 290～400nm。

2. 太阳常数

太阳常数是指日-地平均距离上，大气层垂直于太阳光线的单位面积每秒钟所接收的太阳辐射量。图 2.1-3 为日-地几何关系图。

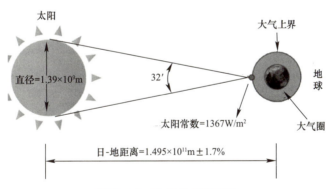

图 2.1-3　日-地几何关系图

地球与太阳的平面张角为 32′，其立体角 ω_s 为：

$$\omega_s = \pi R_s^2 / D_s^2 \tag{2.1-6}$$

其中，R_s 为太阳半径，m；D_s 为日-地距离，m。

日-地距离随着天数变化，但是一年中的变化范围较小，在 ±1.7% 范围内。日-地距离可以用式（2.1-7）计算：

$$D_s = f_d \overline{D_s} \tag{2.1-7}$$

其中，$\overline{D_s}$ 为日-地平均距离，等于 1.495×10^{11} m；f_d 为日-地距离修正系数，其计算公式如下：

$$f_d = 1 + 0.033\cos\left(\frac{360}{365}J\right) \quad (2.1\text{-}8)$$

其中，J 为当前日期在一年中的天数，如 2 月 1 日的 J 值为 32。

地球大气层上边界单位立体角所接收到的太阳辐射量为：

$$I = \sigma T_s^4 \quad (2.1\text{-}9)$$

其中，σ 为斯蒂芬-玻尔兹曼常数，σ 为 $5.6697 \times 10^{-8} \text{W}/(\text{m}^2 \cdot \text{K}^4)$；$T_s$ 为太阳表面的平均温度，K。

因此，大气层上界单位立体角与太阳光垂直的单位面积的太阳辐射量为：

$$I_{sc} = \pi \sigma T_s^4 R_s^2 / (f_d \overline{D_s})^2 \quad (2.1\text{-}10)$$

式（2.1-10）即为太阳常数计算公式，各月平均太阳常数见表 2.1-2：

各月平均太阳常数　　　　　　　　　　表 2.1-2

月份	1	2	3	4	5	6	7	8	9	10	11	12
平均太阳常数（W/m²）	1419	1407	1391	1367	1347	1329	1321	1328	1343	1363	1385	1406

太阳常数各月变化范围不大，年平均变化范围为 ±3.5%，为了方便计算，太阳常数取年平均值，即 $I_0 = 1367 \text{W}/\text{m}^2$。

2.1.3 地球与太阳的几何角度

地球与太阳的相对位置，通常由第一赤道坐标系和第二赤道坐标系来描述；第一赤道坐标系又叫作时角坐标系，第二坐标系又叫作地平坐标系。

1. 时角坐标系

时角坐标系是描述太阳相对于地球位置的天球坐标系，其基本圈是天赤道，基本点是天北极和天南极。此时，太阳相对于地球的位置用赤纬角和时角两个坐标表示，见图 2.1-4。

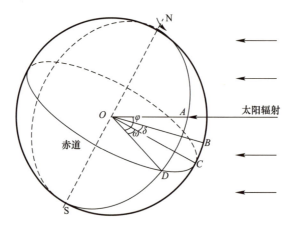

图 2.1-4　时角坐标系示意图

（1）赤纬角

赤纬角 δ 指的是太阳中心与地球中心的连线，即在图 2.1-4 中线段 AO 与其在赤道的投影的夹角。δ 是由于地球以一定的倾角绕太阳公转而造成的，其值仅与计算的日期有关，其值在 $-23°26'\sim+23°26'$ 之间变化。赤纬角的计算公式如下：

$$\delta = 23.45\sin\left[\frac{360}{365}(284+J)\right] \tag{2.1-11}$$

（2）时角

地球任意一点与地球中心 O 点的连线在赤道上的投影 OD 与当地正午时日-地中心连线在赤道平面的投影 OC 之间的夹角叫作时角。地球自转一周 $360°$，对应时间 24h，因此时角每 $15°$ 对应 1h。以正午为基准，上午为负，下午为正，日出日落时时角最大，正午时角为 0。

2. 地平坐标系

地平坐标系是以地面某点为参考系，太阳相对于该点的相对位置，主要用太阳高度角和方位角两个坐标描述，见图 2.1-5。

（1）高度角

太阳光线与其在地面上的投影的夹角称为太阳高度角，表示太阳高出水平面的角度。计算公式如下：

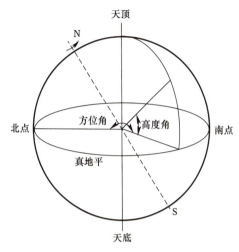

图 2.1-5　地平坐标系示意图

$$\sin\alpha_s = \sin\varphi\sin\delta + \cos\varphi\cos\delta\cos\omega \tag{2.1-12}$$

其中，α_s 为太阳高度角，°；φ 为当地纬度，°；ω 为当地时角，°。

日落时，太阳高度角为 0，因此，根据式（2.1-12）可以求出日落时的时角为：

$$\omega_s = \arccos(-\tan\varphi\tan\delta) \tag{2.1-13}$$

其中，ω_s 为当地日落时角，°。

（2）方位角

方位角指的是入射光线在地球表面的投影与正南方向之间的夹角，顺时针方向为正值，逆时针方向为负值。其计算公式如下：

$$\gamma_s = \arcsin(\cos\delta\sin\omega/\cos\alpha_s) \tag{2.1-14}$$

其中，γ_s 为方位角，°。

2.1.4　天文辐射

天文辐射又称地球外太阳辐射、大气层外太阳辐射，是指太阳到达地球大气层上界的太阳辐射，其值仅与日地相对位置和地表面地理位置有关，是地面接收太阳辐射量的基础背景，也是辐射计算中最重要的天文参数之一。瞬时天文辐射计算公式如下：

$$H_0 = I_0 f(\cos\varphi\cos\delta\sin\omega_s + \sin\omega_s\sin\delta) \tag{2.1-15}$$

对式（2.1-15）进行积分，得到日总天文辐射计算公式：

$$H_{ot} = \frac{24I_0}{\pi} f\left(\cos\varphi\cos\delta\sin\omega_s + \frac{2\pi\omega_s}{360}\sin\varphi\sin\delta\right) \tag{2.1-16}$$

月平均天文辐射是太阳辐射计算的一个基础数据，其值可以根据各月的典型日计算得到。表 2.1-3 是纬度在 $-60°$ 到 $60°$ 范围内月平均天文辐射计算的典型日和对应的赤纬角。

根据表 2.1-3 给出的典型日参数，可以计算出纬度在 −60°到 60°范围内的月平均日总天文辐射量，见表 2.1-4。

月平均天文辐射计算推荐典型日　　　　　　　　　　　表 2.1-3

月份	天数（d）	各月典型参数		
		典型日	J	δ
1	i	17	17	−20.9
2	$31+i$	16	47	−13.0
3	$59+i$	16	75	−2.4
4	$90+i$	15	105	9.4
5	$120+i$	15	135	18.8
6	$151+i$	11	162	23.1
7	$181+i$	17	198	21.2
8	$212+i$	16	228	13.5
9	$243+i$	15	258	2.2
10	$273+i$	15	288	−9.6
11	$304+i$	14	318	−18.9
12	$334+i$	10	344	−23.0

月平均日总天文辐射量 ［单位：MJ/(m²·d)］　　　　　表 2.1-4

φ	1月	2月	3月	4月	5月	6月	7月	8月	9月	10月	11月	12月
60°	3.5	8.3	16.9	27.6	36.6	41.0	38.8	30.9	20.5	10.8	4.5	2.3
55°	6.2	11.3	19.8	29.6	37.6	41.3	39.4	32.6	23.1	13.8	7.3	4.8
50°	9.1	14.4	22.5	31.5	38.5	41.5	40.0	34.1	25.5	16.7	10.3	7.7
45°	12.2	17.4	25.1	33.2	39.2	41.7	40.4	35.3	27.8	19.6	13.3	10.7
40°	15.3	20.3	27.4	34.6	39.7	41.7	40.6	36.4	29.8	22.4	16.4	13.7
35°	18.3	23.1	29.6	35.8	40.0	41.5	40.6	37.3	31.7	25.0	19.3	16.8
30°	21.3	25.7	31.5	36.8	40.0	41.1	40.4	37.8	33.2	27.4	22.2	19.9
25°	24.2	28.2	33.2	37.5	39.8	40.4	40.0	38.2	34.6	29.6	25.0	22.9
20°	27.0	30.5	34.7	37.9	39.3	39.5	39.3	38.2	35.6	31.6	27.7	25.8
15°	29.6	32.6	35.9	38.0	38.5	38.4	38.3	38.0	36.4	33.4	30.1	28.5
10°	32.0	34.4	36.8	37.9	37.5	37.0	37.1	37.5	37.0	35.0	32.4	31.1
5°	34.2	36.0	37.5	37.4	36.3	35.3	35.6	36.7	37.2	36.3	34.5	33.5
0°	36.2	37.4	37.8	36.7	34.8	33.5	34.0	35.7	37.2	37.3	36.3	35.7
−5°	38.0	38.5	37.9	35.8	33.0	31.4	32.1	34.4	36.9	38.0	37.9	37.6
−10°	39.5	39.3	37.7	34.5	31.1	29.2	29.9	32.9	36.3	38.5	39.3	39.4
−15°	40.8	39.8	37.2	33.0	28.9	26.8	27.6	31.1	35.4	38.7	40.4	40.9
−20°	41.8	40.0	36.4	31.3	26.6	24.2	25.2	29.1	34.3	38.6	41.2	42.1
−25°	42.5	40.0	35.4	29.3	24.1	21.5	22.6	27.0	32.9	38.2	41.7	43.1
−30°	43.0	39.7	34.0	27.1	21.4	18.7	19.9	24.6	31.2	37.6	42.0	43.8
−35°	43.2	39.1	32.5	24.8	18.6	15.8	17.0	22.1	29.3	36.6	42.0	44.2
−40°	43.1	38.2	30.6	22.3	15.8	12.9	14.2	19.3	27.2	35.5	41.7	44.5
−45°	42.8	37.1	28.6	19.6	12.9	10.0	11.3	16.6	24.9	34.0	41.2	44.5

续表

φ	1月	2月	3月	4月	5月	6月	7月	8月	9月	10月	11月	12月
−50°	42.3	35.7	26.3	16.8	10.0	7.2	8.4	13.8	22.4	32.4	40.5	44.3
−55°	41.7	34.1	23.9	13.9	7.2	4.5	5.7	10.9	19.8	30.5	39.6	44.0
−60°	41.0	32.4	21.2	10.9	4.5	2.2	3.1	8.0	17.0	28.4	38.7	43.7

2.1.5 最大可能日照时间

最大可能日照时间是指理论情况下，地面能接收太阳辐射的时间，即日出到日落的时间，计算公式如下：

$$S_0 = \frac{2}{15}\omega_s \tag{2.1-17}$$

而在实际中，由于云层遮挡、大气层状况等因素，实际日照时间小于理论日照时间。实际日照时间定义为太阳直射辐射达到或超过120W/m²的时间，简称日照时间或日照时数。

2.2 大气质量与透明度

为了方便研究太阳辐射受地球大气衰减作用的影响，将太阳辐射通过大气的厚度称为大气质量，以 m 表示。并且把垂直于海平面的整个大气厚度定义为"一个大气质量"，即 $m=1$，如图2.2-1所示。

图2.2-1表明了太阳光线在太阳不同高度时经过地面上方大气的情况。A 为海平面，O 为大气层上界，S'、S 表示太阳的不同位置。当太阳位于天顶 S 时，它垂直于海平面，太阳光到达海平面所经过的路程最短，受大气衰减作用的影响最小。A 为地球海平面上的一点，O 是太阳 S 在天顶位置时大气层上的点，S' 是太阳的实际位置，它通过大气层上界的 O' 点射到 A 点，这时的大气质量 m 可由太阳高度角 h 计算，见式（2.2-1）：

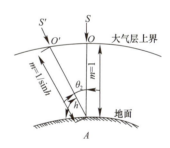

图2.2-1 大气质量示意图

$$m = \frac{1}{\sin h} \tag{2.2-1}$$

2.3 太阳辐射计算

相比于日照、气温、相对湿度等常规气象参数，太阳辐射监测技术难度大、成本高，相关数据的缺失制约了太阳能利用相关技术的发展。并且，现阶段绝大部分具有太阳辐射监测功能的气象台站仅能监测日总太阳辐射，导致现阶段逐日太阳辐射数据较少且分布不均匀，逐时太阳辐射数据则几乎完全缺失。

逐时太阳辐射是建筑中太阳能热利用的最为关键的参数之一，目前获取逐时太阳辐射数据的主要流程是：①利用常规气象参数构建逐日太阳辐射预测模型；②以逐时和逐日晴空指数相等为原则，结合太阳运动轨迹，计算逐时太阳辐射。

2.3.1 逐日太阳辐射

1. 总太阳辐射计算模型

1924年，Angstrom提出利用晴天太阳辐射与总辐射的比和日照百分率之间的相关性建立了最早的计算模型。由于晴天辐射计算过程复杂，1940年，Prescott对Angstrom模型进行修正，提出以天文辐射代替晴空辐射：

$$H/H_0 = a + bS/S_0 \qquad (2.3\text{-}1)$$

其中，H为日总太阳辐射，$(MJ/m^2 \cdot d)$；H_0为日总天文辐射，$MJ/(m^2 \cdot d)$；S为日照时间，h；S_0为最大可能日照时间，h；a、b为经验系数。

式（2.3-1）所表示的模型又叫作Angstrom-Prescott模型，简称A-P模型。A-P模型首次将晴空指数与日照百分率的相关性联系起来，形式简单，且天文辐射计算简单，因此，A-P模型迅速被研究学者采用，成为目前太阳辐射估算模型中应用最广的模型之一。

A-P模型中，经验系数a是阴天时（即日照时数$S=0$）到达地表面太阳辐射占天文辐射的比，其值与纬度、海拔高度、云量类型和大小、污染物含量等有关，其中，影响a值大小的主导因素为云层之下到地表面的大气透明度；经验系数b是晴空指数K_t随日照百分率S/S_0的增长率，表征云层对太阳辐射的透射特性，其值受海拔、空气湿度和大气浑浊度等影响；$a+b$是晴天时大气对总辐射的透射率，表征大气综合透明度，总体上随海拔高度增加而增加；$a/(a+b)$表示云层对太阳辐射的平均透射率。

以A-P模型为基础，后续研究者提出了二次多项式、三次多项式、指数形式、对数形式等各种形式的模型。但是，这些模型大部分是基于辐射观测台站建立的，不能直接应用于其他无辐射观测数据的台站。所以，为了估算不同地区无辐射观测数据的台站的太阳辐射量，必须建立区域化太阳辐射估算通用模型。表2.3-1是不同气候分区太阳辐射估算通用模型，各气候区分区及对应地区见表2.3-2。

不同气候分区太阳辐射估算通用模型　　　　　　　　　　　表2.3-1

分区	通用模型
Ⅰ	$H = H_0[0.17 + 0.90 \times S/S_0 - 0.93 \times (S/S_0)^2 + 0.59 \times (S/S_0)^3]$
Ⅱ	$H = H_0[0.18 + 0.59 \times S/S_0 - 0.027 \times (S/S_0)^2 + 0.0083 \times (S/S_0)^3]$
Ⅲ	$H = H_0[0.18 + 0.59 \times S/S_0 - 0.027 \times (S/S_0)^2 + 0.75 \times (S/S_0)^3]$
Ⅳ	$H = H_0[0.17 + 1.11 \times S/S_0 - 1.53 \times (S/S_0)^2 + 1.00 \times (S/S_0)^3]$
Ⅴ	$H = H_0[0.15 + 1.32 \times S/S_0 - 1.72 \times (S/S_0)^2 + 0.99 \times (S/S_0)^3]$

气候分区及对应地区　　　　　　　　　　　表2.3-2

气候分区	地区	平均太阳辐射量 [$MJ/(m^2 \cdot d)$]
Ⅰ	刚察、格尔木、噶尔、那曲、拉萨、玉树、果洛、昌都、甘孜、红原、丽江、攀枝花、腾冲、昆明、景洪、蒙自、三亚	17.02
Ⅱ	索伦、阿勒泰、塔城、伊宁、乌鲁木齐、焉耆、吐鲁番、阿克苏、喀什、若羌、和田、哈密、额济纳旗、敦煌、酒泉、民勤、西宁、二连浩特、海螺图、大同、东胜、银川、固原、锡林浩特	15.86

续表

气候分区	地区	平均太阳辐射量 [MJ/(m²·d)]
Ⅲ	漠河、黑河、海拉尔、扶余、佳木斯、哈尔滨、兰州、榆中、太原、延安、西峰、侯马、通辽、长春、延吉、朝阳、沈阳、天津、北京、乐亭、大连、福山、济南、莒县、郑州、泾河	13.58
Ⅳ	南阳、武汉、赣州、淮安、固始、南京、吕泗、合肥、上海、杭州、屯溪、南昌、洪家、建瓯、福州、广州、汕头、南宁、北海、海口	12.79
Ⅴ	成都、绵阳、安康、宜昌、沙坪坝、纳西、吉首、长沙、贵阳、长宁、桂林	10.33

2. 直散分离太阳辐射计算模型

总太阳辐射由直接太阳辐射和散射太阳辐射组成,直接太阳辐射和散射太阳辐射主要是采用直散分离模型计算得到。逐日直散分离模型可以分为两大类:散总比(Diffuse fraction,K_f)模型和散射系数(Diffuse coefficient,K_c)模型。散射辐射量(H_d)与总辐射量的比值称为散总比;散射辐射量与天文辐射量的比值称为散射系数。散总比模型的精度比散射系数模型高,但是散总比模型需要总辐射作为输入参数,而大部分台站无总辐射数据,从而限制了散总比模型的应用。因此,为了满足不同气象台站的数据要求(有总辐射和无总辐射数据),散总比模型和散射系数模型都具有重要意义。为了估算不同地区气象台站的散射太阳辐射量,各气候区散总比和散射系数通用模型及经验系数见表2.3-3和表2.3-4。当气象台站有总辐射数据时,可以利用散总比通用模型估算散射辐射量;当气象台站无总辐射数据时,应采用散射系数通用模型估算散射辐射量。

各气候区散总比通用模型及经验系数　　　　表 2.3-3

分区	通用模型
Ⅰ	$\dfrac{H_d}{H}=1.23-0.90\times\dfrac{H}{H_0}-0.42\times\dfrac{S}{S_0}-5.96\times10^{-3}\times\lg(1+P_t)$
Ⅱ	$\dfrac{H_d}{H}=1.25-0.94\times\dfrac{H}{H_0}-0.34\times\dfrac{S}{S_0}-8.92\times10^{-4}\times T_a$
Ⅲ	$\dfrac{H_d}{H}=1.06-0.56\times\dfrac{H}{H_0}-0.11\times\left(\dfrac{H}{H_0}\right)^2-0.26\times\left(\dfrac{S}{S_0}\right)-1.6\times\left(\dfrac{S}{S_0}\right)^2$
Ⅳ	$\dfrac{H_d}{H}=1.01-0.016\times\dfrac{H}{H_0}-0.90\times\left(\dfrac{H}{H_0}\right)^2-0.40\times\left(\dfrac{S}{S_0}\right)+0.016\times\left(\dfrac{S}{S_0}\right)^2$
Ⅴ	$\dfrac{H_d}{H}=1.00+0.16\times\dfrac{H}{H_0}-1.06\times\left(\dfrac{H}{H_0}\right)^2-0.51\times\left(\dfrac{S}{S_0}\right)+0.094\times\left(\dfrac{S}{S_0}\right)^2$

注:P_t 为降水量,mm;T_a 为日平均温度,℃。

各气候区散射系数通用模型及经验系数　　　　表 2.3-4

分区	通用模型
Ⅰ	$\dfrac{H_d}{H_0}=0.21+0.26\times\left(\dfrac{S}{S_0}\right)-0.39\times\left(\dfrac{S}{S_0}\right)^2-9.35\times10^{-3}\times\lg(1+P_t)+1.46\times10^{-3}\times T_a$

续表

分区	通用模型
Ⅱ	$\frac{H_d}{H_0}=0.20+0.35\times\left(\frac{S}{S_0}\right)-0.41\times\left(\frac{S}{S_0}\right)^2-9.43\times10^{-3}\times\lg(1+P_t)-4.20\times10^{-4}\times T_a$
Ⅲ	$\frac{H_d}{H_0}=0.19+0.31\times\left(\frac{S}{S_0}\right)-0.34\times\left(\frac{S}{S_0}\right)^2-1.00\times10^{-2}\times\lg(1+P_t)+3.91\times10^{-4}\times T_a$
Ⅳ	$\frac{H_d}{H_0}=0.15+0.38\times\left(\frac{S}{S_0}\right)-0.40\times\left(\frac{S}{S_0}\right)^2-1.00\times10^{-2}\times\lg(1+P_t)+1.13\times10^{-3}\times T_a$
Ⅴ	$\frac{H_d}{H_0}=0.23+0.42\times\left(\frac{S}{S_0}\right)-0.43\times\left(\frac{S}{S_0}\right)^2-3.39\times10^{-3}\times\lg(1+P_t)-1.08\times10^{-3}\times R_h$

注：R_h 为相对湿度，%。

2.3.2 逐时太阳辐射

逐时太阳辐射主要是在逐日总太阳辐射基础上计算得到，其主要是基于逐日晴空指数和逐时晴空指数相等这一前提进行计算。目前关于逐时太阳辐射计算模型应用最为广泛的是 Collares-Pereira & Ari 模型，又称作 C-P-R 模型，其计算流程如下：

逐日晴空指数 K_{td} 为：

$$K_{td}=H/H_0 \tag{2.3-2}$$

逐时晴空指数 K_{th} 为：

$$K_{th}=H_h/H_{0h} \tag{2.3-3}$$

其中，H_h 为逐时总辐照度，MJ/(m²·d)；H_{0h} 为逐时天文辐照度，MJ/(m²·h)。

Liu 和 Jordan 的研究表明，逐日晴空指数与逐时晴空指数相等，从而式（2.3-2）和式（2.3-3）可以变换成：

$$r_T=\frac{H_h}{H}=\frac{H_{0h}}{H_0} \tag{2.3-4}$$

式（2.3-4）变换得到：

$$H_{0h}=r_T H_0 \tag{2.3-5}$$

将式（2.1-15）代入式（2.3-5）得：

$$H_{0h}=I_0 f(\cos\varphi\cos\delta\sin\omega_s+\sin\omega_s\sin\delta) \tag{2.3-6}$$

$$H_{0h}=r_T\frac{24 I_0}{\pi}f\left(\cos\varphi\cos\delta\sin\omega_s+\frac{2\pi\omega_s}{360}\sin\omega_s\sin\delta\right) \tag{2.3-7}$$

联立式（2.3-6）和式（2.3-7）得：

$$r_T=\frac{\pi(\cos\varphi\cos\delta\sin\omega_s+\sin\omega_s\sin\delta)}{24\left(\cos\varphi\cos\delta\sin\omega_s+\frac{2\pi\omega_s}{360}\sin\omega_s\sin\delta\right)} \tag{2.3-8}$$

将式（2.1-13）代入式（2.3-8），可得：

$$r_T=\frac{\pi(\cos\omega-\cos\omega_s)}{24\left(\sin\omega_s-\frac{2\pi\omega_s}{360}\cos\omega_s\right)} \tag{2.3-9}$$

Collares-Pereira 与 Ari 对式（2.3-9）进行了修正：

$$r_T = (a + b\cos\omega) \frac{\pi(\cos\omega - \cos\omega_s)}{24\left(\sin\omega_s - \frac{\pi\omega_s}{180}\cos\omega_s\right)} \quad (2.3\text{-}10)$$

其中：

$$a = 0.409 + 0.5016\sin\left(\omega_s - \frac{1.047 \times 180}{\pi}\right) \quad (2.3\text{-}11)$$

$$b = 0.6609 - 0.4767\sin\left(\omega_s - \frac{1.047 \times 180}{\pi}\right) \quad (2.3\text{-}12)$$

将式（2.3-10）代入式（2.3-4）得：

$$H_h = H(a + b\cos\omega) \frac{\pi(\cos\omega - \cos\omega_s)}{24\left(\sin\omega_s - \frac{\pi\omega_s}{180}\cos\omega_s\right)} \quad (2.3\text{-}13)$$

式（2.3-13）即为总辐射逐时化模型，该模型又叫作 C-P-R 模型。

类似地，逐时散总比等于逐日散总比，有：

$$K_f = \frac{H_d}{H} \quad (2.3\text{-}14)$$

$$K_{fh} = \frac{H_{dh}}{H_h} \quad (2.3\text{-}15)$$

其中，K_{fh} 为逐时散总比；H_{dh} 为逐时散射辐射量，[MJ/(m²·h)]。

联立式（2.3-13）和式（2.3-14）：

$$H_{dh} = \frac{H_h}{H} H_d \quad (2.3\text{-}16)$$

2.3.3 倾斜面太阳辐射

将水平面逐时辐射数据转化为倾斜面上的逐时辐射值，其计算方法如下：

$$H_{bhs} = \frac{\cos\theta}{\sin\alpha} H_{bh} \quad (2.3\text{-}17)$$

$$H_{dhs} = \frac{1 + \cos\beta}{2} H_{dh} \quad (2.3\text{-}18)$$

$$H_{rhs} = 0.2 \times \frac{1 - \cos\beta}{2}(H_{bhs} + H_{dhs}) \quad (2.3\text{-}19)$$

$$H_{ghs} = H_{bhs} + H_{dhs} + H_{rhs} \quad (2.3\text{-}20)$$

其中，H_{bhs} 为倾斜面上的逐时直射辐射量，MJ/(m²·h)；H_{bh} 和 H_{dh} 分别为逐时直接辐射量和逐时散射辐射量，MJ/(m²·h)，其值由逐时太阳辐射模型计算得到。H_{dhs} 为倾斜面上的逐时散射辐射量，MJ/(m²·h)；H_{rhs} 为倾斜面上的逐时反射辐射，MJ/(m²·h)；H_{ghs} 为倾斜面上的逐时总辐射量，MJ/(m²·h)；β 为倾斜面的倾斜角度，°；α 为逐时太阳高度角，°；θ 为逐时阳光入射角，°。

2.4 太阳辐射资源分布

2.4.1 太阳总辐射资源分布

我国年总辐射量为 $3097 \sim 7311 MJ/m^2$，整体呈现出东部地区低、西部地区高、北部地区高、南部地区低的趋势。造成这种趋势的原因是西部地区整体海拔偏高，空气较稀薄，大气对到达地面的太阳辐射的削减作用较弱，因此太阳辐射量大；东部和南部地区靠近沿海，空气比较湿润，大气透明度较低，因此到达地面的太阳辐射量小；而北部地区陆地较多，整体气候干燥，故而呈现出东弱西强、南弱北强的整体趋势。

年总辐射量的高值集中分布于西藏、青海、新疆地区，为 $4304 \sim 73111 MJ/m^2$。因为西藏地区海拔高，大气透明度高，因此年总辐射量较大；而新疆地区虽然海拔低，但位于内陆地区，全年光照时间长，干旱少雨故而年总辐射量也较大。四川盆地、重庆和贵州地区的年总辐射量全国最小，为 $3097 \sim 6344 MJ/m^2$。这是因为四川盆地地形闭塞，气温高于同纬度其他地区，年降水十分充沛，雾大湿重，云低，阴天多，导致大气透明度低，故而年总辐射量也较小。

2.4.2 太阳散射辐射资源分布

我国年散射辐射量的范围为 $495 \sim 3036 MJ/m^2$。年散射辐射量的分布是低纬度地区散射辐射量大于高纬度地区，年散射辐射量高值区位于我国东、南部地区，最大值位于南部沿海地区和云南地区，因为当地纬度较低且湿度较大，天文辐射量大，到达地面的总辐射量大，天空散射辐射量大。年散射辐射量的最小值位于辽宁、黑龙江、吉林、内蒙古、青海及西藏的部分地区。内蒙古、青海和西藏年散射辐射量小的主要原因是大气透明度高、空气洁净，天空散射辐射量较小；而东北地区年散射辐射量小的原因是纬度较高，天文辐射量小，造成到达地面的总辐射量小。除此之外，四川、重庆地区年散射辐射量也较小，为 $1905 \sim 2851 MJ/m^2$，主要原因是因为该地区湿度极高，大气透明度低，到达地面的直接辐射和散射辐射都很小。

2.5 本章小结

本章通过深入分析地球与太阳辐射之间的规律，介绍了太阳辐射传播过程与常用的太阳辐射参数，包括地球与太阳辐射的几何角度、天文辐射、日照时间等。针对太阳辐射数据缺失且分布不均匀的问题，本章详细阐述了逐日、逐时太阳辐射计算模型，为无辐射台站太阳辐射计算提供依据。

第3章 太阳辐射设计参数

太阳辐射设计参数是建筑冷热负荷、光伏光热等设计计算的基础,是建筑节能设计工作核心底层参数之一。现有两类太阳辐射设计参数主流计算方法中,基于晴天辐射模型理论值过于极端、基于典型年数据统计值平拟了太阳辐射年代差异,参数不具有代表性。因此,在太阳辐射计算模型基础上,本章提出了基于长期太阳辐射数据的太阳辐射参数统计计算方法,为太阳能热利用提供基础数据。

3.1 太阳辐射设计参数分类及使用目的

太阳辐射设计参数大致可以分为两类用途,第一类用途为设计日建筑冷热负荷计算。建筑冷、热负荷计算过程分为夏季空调负荷计算和冬季供暖负荷计算,由此用于负荷计算的太阳辐射设计参数可分为夏、冬设计日太阳辐射设计参数。太阳辐射设计参数的第二类用途为太阳能利用系统容量设计计算。相关的容量计算分为供暖季运行系统和全年运行的系统,由此用于系统容量计算的太阳辐射设计参数也分为供暖季运行、全年运行系统使用的两部分参数。

太阳辐射参数分类及使用目的见表 3.1-1。

太阳辐射参数分类及使用目的　　　　　　　表 3.1-1

分类		使用目的
建筑负荷计算太阳辐射参数	夏季设计日太阳辐射参数	建筑冷负荷计算
	冬季设计日太阳辐射参数	被动式建筑传热量计算
系统设计用太阳辐射设计参数		集热系统、光伏系统容量计算

3.2 负荷计算用太阳辐射设计参数方法

3.2.1 现有负荷计算用太阳辐射参数取值方法及存在问题

1. 冬季设计日太阳辐射设计参数

现有规范中,冬季设计日的室外太阳辐射往往被视为安全项,并不纳入室内得热的计算范畴。因此,目前关于冬季设计日负荷计算的太阳辐射设计参数仍然处于缺失状态。有学者提出将 12 月 21 日的太阳辐射作为冬季设计日太阳辐射设计参数,具体取值可利用 ASHRAE 晴天太阳辐射模型计算得到,计算公式如下:

$$H_g = A \times (C + \cos\theta) \exp\left(-\frac{B}{\sin h}\right) \tag{3.2-1}$$

其中，H_g 为晴天日总太阳辐照度，W/m^2；A 为入射角等于 0 时的总辐射值，W/m^2；B 为太阳大气消光系数；C 为散射系数；θ 为表面法向方向与入射光的夹角，°；h 为太阳高度角，°。在 ASHRAE 晴天太阳辐射模型中，A、B、C 的值根据当天日期及大气组成成分计算，系数取值见表 3.2-1。

ASHRAE 晴天太阳辐射模型系数取值   表 3.2-1

系数	取值					
	1月	2月	3月	4月	5月	6月
A（W/m^2）	1230.23	1214.46	1186.07	1135.6	1104.06	1088.29
B	0.142	0.144	0.156	0.18	0.196	0.205
C	0.058	0.06	0.071	0.097	0.121	0.134
系数	7月	8月	9月	10月	11月	12月
A（W/m^2）	1085.13	1107.21	1151.37	1192.38	1220.77	1233.39
B	0.207	0.201	0.177	0.16	0.149	0.142
C	0.136	0.122	0.0092	0.073	0.063	0.057

2. 夏季设计日太阳辐射设计参数

夏季太阳辐照度按照规范，应根据当地纬度、7月大气透明度及大气压力，按 7 月 21 日的太阳赤纬通过计算确定。其中，太阳辐照度使用的基础数据为垂直于太阳光线的表面上的直射辐照度和水平面上的总辐照度，基于观测记录的逐时值，采用近十年中每年 6 月至 9 月内舍去 15~20 个高峰值的较大值的历年平均值。具体计算值可通过《民用建筑供暖通风与空气调节设计规范》GB 50736—2012 查表按照不同纬度、不同时刻（06：00~18：00）、不同大气透明度插值计算可得。

以乌鲁木齐为例，查夏季空气调节设计用大气透明度分布图，乌鲁木齐大气透明度等级为 3，纬度为 43.47°N。表 3.2-2 为大气透明度为 3 时，40°N/45°N 的夏季太阳总辐照度逐时参考值。每个纬度对应第一行为总辐照度，第二行为直射辐照度，单位为 W/m^2。根据表 3.2-2 进行线性内插，求解对应城市夏季太阳辐射设计参数。

夏季太阳总辐照度逐时参考值（单位：W/m^2）   表 3.2-2

纬度	时间												
	06:00	07:00	08:00	09:00	10:00	11:00	12:00	13:00	14:00	15:00	16:00	17:00	18:00
40°N	185	373	576	749	883	958	986	958	883	749	571	373	185
	60	205	379	533	652	722	747	722	652	533	379	205	60
45°N	207	381	570	730	851	927	949	927	851	730	570	381	207
	77	211	376	515	626	692	714	692	626	515	376	211	77

3. 现有建筑负荷用太阳辐射设计参数取值存在的问题

目前我国关于太阳辐射设计参数，冬季普遍采用上述晴天太阳辐射模型理论计算值，夏季采用近十年气象数据，按 7 月 21 日的太阳赤纬通过计算确定。一方面晴天太阳辐射模型理论值过于极端，设计参数不具有代表性，另一方面该方法所得设计参数均为短期离散数据的统计计算结果，难以与基于多年数据统计的室外设计温度、湿度等参数相配合。并且，对于设计日太阳辐射参数，在实际天气状况下，由于阴雨天太阳辐射受到遮挡，冬季实际最小太阳辐射量远小于理论最小太阳辐射量。因此，晴天太阳辐射模型高估了冬季实际太阳辐射设计参数取值。

3.2.2 负荷计算用太阳辐射设计参数取值思路

冬、夏季设计日太阳辐射设计参数分别为 30 年历年平均不保证 5d 的日平均太阳辐照度和 30 年历年不保证 50h 的太阳辐照度所在天对应时刻的逐时辐射。夏季白昼日照时间为 8~10h，本书提出的"夏季不保证 50h"实际上为 5~6d 的白昼日照时间。为了方便统计计算，将"夏季不保证 50h"转化为"夏季不保证 5d"。因此，冬、夏季设计日负荷计算用太阳辐射设计参数的不保证天数统一为 5d。

此外，本方法使用逐时太阳辐照度，需采用逐时化太阳辐射模型将 30 年实测日均太阳辐照度转化为逐时值，逐时化太阳辐射模型与太阳辐射所在天有关。由于气候随机性的原因，近极端天（即设计日）有可能处于异常天，容易造成逐时太阳辐照度异常，为排除此现象，在传统不保证时间的基础上设置 ±0.20MJ/(m²·d) 的阈值。

综上所述，冬、夏季设计日负荷计算用太阳辐射设计参数的取值方法为：30 年历年平均不保证 5d 的日总太阳辐射量 ±0.20MJ/(m²·d) 的所有天的逐时太阳辐照度对应时刻的平均值。如图 3.2-1 所示，基于长期统计数据的冬、夏季设计日太阳辐射设计参数取值流程如下：

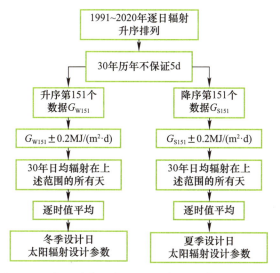

图 3.2-1 冬、夏季设计日太阳辐射设计参数取值流程图

（1）选取冬、夏季设计日太阳辐射基准值：选取数据库 1991~2020 年当地逐日太阳辐射量总表，并对其进行排序；冬、夏季设计日分别选取升序、降序排列的第 151 个数据为基准值 G_{W151}、G_{S151}；

（2）基于阈值，计算设计日逐时辐照度：根据 ±0.20MJ/(m²·d) 的阈值要求，分别选取日总辐射量在 G_{W151}±0.2MJ/(m²·d)、G_{S151}±0.2MJ/(m²·d) 范围内的所有日期（天），对应的逐时太阳辐照度取平均值即为冬、夏季设计日负荷计算用太阳辐射设计参数。

3.2.3 负荷计算用太阳辐射设计参数取值方法案例研究

以乌鲁木齐为例，从数据库中选取 1991～2020 年乌鲁木齐的日太阳辐射量总表，并对其进行排序（排序见图 3.2-2 散点图部分）。根据 30 年历年平均不保证 5d 取值方法可知，冬、夏季设计日分别选取升序、降序排列的第 151 个数据为基准值，乌鲁木齐冬、夏季设计日的基准值分别为 1.6MJ/(m^2·d)、31.78MJ/(m^2·d)。根据±0.20MJ/(m^2·d) 的阈值要求，分别选取日总太阳辐射量在 1.4～1.8MJ/(m^2·d) 和 31.58～31.98MJ/(m^2·d) 范围内的所有天（范围选取见图 3.2-2 浅色散点图部分，即方框中散点图部分）。

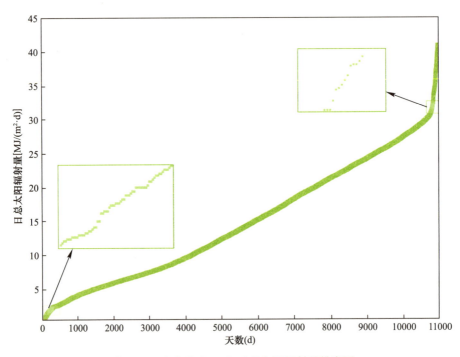

图 3.2-2 乌鲁木齐 30 年日总太阳辐射量排序图

将筛选范围内的所有天通过逐时化模型转化为逐时太阳辐照度，图 3.2-3 为筛选范围内所有天的逐时太阳辐照度[冬季日总太阳辐射量在 1.4～1.8MJ/(m^2·d) 范围内的所有天的逐时总、直接太阳辐照度见图 3.2-3（a）、图 3.2-3（b），夏季日总太阳辐射量在 31.58～31.98MJ/(m^2·d) 范围内的所有天的逐时总、直接太阳辐照度见图 3.2-3（c）、图 3.2-3（d）]。

由图 3.2-3 数据可知，筛选范围内所有天各逐时太阳辐照度的最大值、最小值差距较大。冬季太阳辐照度整体较小，各逐时点存在波动，但波动值在一定范围内，总太阳辐照度、直接太阳辐照度的最大波动值分别为 44W/m^2、42W/m^2。但夏季太阳辐射较强，总太阳辐照度、直接太阳辐照度的最大波动值分别为 68W/m^2、284W/m^2。各个逐时点产生波动的主要原因是气候的随机波动。在筛选范围内的所有天虽然日总太阳辐射量相近，但若是所在天数的该值波动较大，最终也会造成通过逐时化模型计算得到的逐时太阳辐照度量变化较大。

第 3 章 太阳辐射设计参数

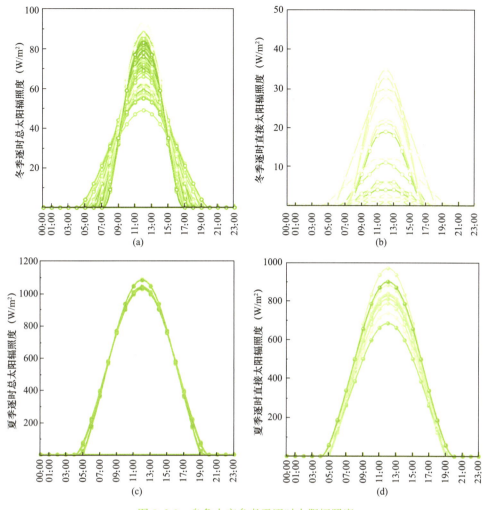

图 3.2-3 乌鲁木齐参考天逐时太阳辐照度
(a) 乌鲁木齐冬季逐时总太阳辐照度；(b) 乌鲁木齐冬季逐时直接太阳辐照度；
(c) 乌鲁木齐夏季逐时总太阳辐照度；(d) 乌鲁木齐夏季逐时直接太阳辐照度

由波动情况可知，直接选取"历年平均不保证5d"的单一辐射值作为太阳辐射设计参数，如果当天辐射异常，通过该值计算设计日的逐时太阳辐照度将显著偏离辐射长期变化特征。以乌鲁木齐筛选范围内所有天的逐时太阳辐照度波动情况进一步说明本书提出的阈值的必要性及可靠性。

依据上述逐时太阳辐照度数据，计算所有天对应时刻总、直接太阳辐照度的平均值。乌鲁木齐冬、夏季设计日太阳辐照度计算结果见表 3.2-3。

乌鲁木齐冬、夏季设计日太阳辐照度计算结果　　　　表 3.2-3

时间	冬季设计日		夏季设计日	
	总太阳辐照度（W/m²）	直接太阳辐照度（W/m²）	总太阳辐照度（W/m²）	直接太阳辐照度（W/m²）
05：00	0	0	58	47
06：00	1	0	209	169

续表

时间	冬季设计日		夏季设计日	
	总太阳辐照度（W/m²）	直接太阳辐照度（W/m²）	总太阳辐照度（W/m²）	直接太阳辐照度（W/m²）
07：00	4	0	386	312
08：00	17	1	576	465
09：00	37	2	757	612
10：00	56	4	908	733
11：00	70	5	1008	814
12：00	74	5	1043	842
13：00	70	5	1008	814
14：00	56	4	908	733
15：00	37	2	757	612
16：00	17	1	576	465
17：00	4	0	386	312
18：00	1	0	209	169
19：00	0	0	58	47

注：时间均指当地的真太阳时，而非北京时间。

3.2.4 取值结果对比

根据 1991～2020 年 30 年实测日均太阳辐射值，采用冬、夏季设计日负荷计算用太阳辐射设计参数新取值方法（方法 A2）计算逐时太阳辐照度，并与规范推荐的 12 月 21 日、7 月 21 日晴天太阳辐射模型计算值（方法 A1）进行对比。

1. 冬季设计日

典型城市冬季设计日太阳辐射设计参数见表 3.2-4。

图 3.2-4、图 3.2-5 是 A1、A2 两种方法下冬季设计日逐时总、直接太阳辐照度。

典型城市冬季设计日太阳辐射设计参数　　表 3.2-4

地点	时间	方法 A1		方法 A2	
		总太阳辐照度（W/m²）	直接太阳辐照度（W/m²）	总太阳辐照度（W/m²）	直接太阳辐照度（W/m²）
乌鲁木齐	06：00	0	0	1	0
	07：00	0	0	4	0
	08：00	13	3	17	1
	09：00	152	49	37	2
	10：00	278	104	56	4
	11：00	358	142	70	5
	12：00	386	155	74	5
	13：00	358	142	70	5
	14：00	278	104	56	4
	15：00	152	49	37	2
	16：00	13	3	17	1
	17：00	0	0	4	0

续表

地点	时间	方法 A1		方法 A2	
		总太阳辐照度（W/m²）	直接太阳辐照度（W/m²）	总太阳辐照度（W/m²）	直接太阳辐照度（W/m²）
拉萨	06：00	0	0	10	0
	07：00	0	0	40	3
	08：00	161	85	122	25
	09：00	359	225	210	50
	10：00	513	344	288	71
	11：00	611	422	342	87
	12：00	644	449	361	92
	13：00	611	422	342	87
	14：00	513	344	288	71
	15：00	359	225	210	50
	16：00	161	85	122	25
	17：00	0	0	40	3
	18：00	0	0	10	0
合肥	06：00	0	0	1	0
	07：00	0	0	5	0
	08：00	137	33	17	0
	09：00	329	98	29	0
	10：00	480	154	40	0
	11：00	576	189	48	0
	12：00	609	202	51	0
	13：00	576	189	48	0
	14：00	480	154	40	0
	15：00	329	98	29	0
	16：00	137	33	17	0
	17：00	0	0	5	0
	18：00	0	0	1	0
汕头	06：00	0	0	1	0
	07：00	14	2	11	0
	08：00	232	64	31	0
	09：00	443	138	51	0
	10：00	607	199	69	0
	11：00	710	238	82	0
	12：00	745	251	86	0
	13：00	710	238	82	0
	14：00	607	199	69	0
	15：00	443	138	51	0
	16：00	232	64	31	0
	17：00	14	2	11	0
	18：00	0	0	1	0
昆明	06：00	0	0	1	0

续表

地点	时间	方法 A1		方法 A2	
		总太阳辐照度（W/m²）	直接太阳辐照度（W/m²）	总太阳辐照度（W/m²）	直接太阳辐照度（W/m²）
昆明	07：00	6	2	12	0
	08：00	212	90	32	1
	09：00	419	208	53	1
	10：00	581	308	71	2
	11：00	682	372	84	2
	12：00	717	395	88	2
	13：00	682	372	84	2
	14：00	581	308	71	2
	15：00	419	208	53	1
	16：00	212	90	32	1
	17：00	6	2	12	0
	18：00	0	0	1	0

注：时间均指当地的真太阳时，而非北京时间。

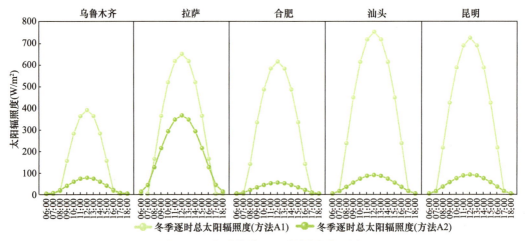

图 3.2-4　冬季设计日逐时总太阳辐照度

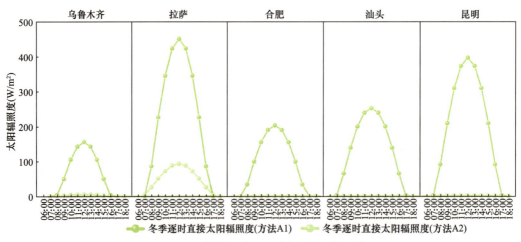

图 3.2-5　冬季设计日逐时直接太阳辐照度

由图 3.2-4、图 3.2-5 可知，对于冬季设计日逐时太阳辐照度来说，方法 A2 提出的 30 年数据统计值明显小于使用方法 A1 计算的相关规范推荐值。总太阳辐照度差值为 1～659W/m²，平均值为 228W/m²；直接太阳辐照度差值为 0～393W/m²，平均值为 120W/m²。

对于建筑冷、热负荷计算所用的太阳辐射设计参数，A1、A2 两种方法产生区别的主要原因是方法 A2 选取日均太阳辐射量"历年不保证 5d"作为冬季设计日的太阳辐射值，选取的冬季设计日往往是冬季阴雨天、太阳辐射值较小的天。但方法 A1 采用晴天太阳辐射模型计算，该模型是理论模型，计算晴天时候的太阳辐射值，远大于阴雨天时的太阳辐射值。因此，总体而言，对于各个气候区，冬季设计日的逐时辐照度不适合使用晴天太阳辐射模型的理论计算值。

2. 夏季设计日

典型城市夏季设计日时太阳辐射设计参数见表 3.2-5。

典型城市夏季设计日太阳辐射设计参数　　　　　表 3.2-5

地点	时间	方法 A1		方法 A2	
		总太阳辐照度（W/m²）	直接太阳辐照度（W/m²）	总太阳辐照度（W/m²）	直接太阳辐照度（W/m²）
乌鲁木齐	05：00	0	0	58	47
	06：00	200	72	209	169
	07：00	379	209	386	312
	08：00	572	377	576	465
	09：00	736	521	757	612
	10：00	861	634	908	733
	11：00	936	701	1008	814
	12：00	960	724	1043	842
	13：00	936	701	1008	814
	14：00	861	634	908	733
	15：00	736	521	757	612
	16：00	570	377	576	465
	17：00	379	209	386	312
	18：00	200	72	209	169
	19：00	0	0	58	47
拉萨	06：00	132	30	116	89
	07：00	343	158	283	216
	08：00	570	332	467	356
	09：00	768	483	647	494
	10：00	918	601	799	610
	11：00	1010	672	900	688
	12：00	1039	698	936	716
	13：00	1009	672	900	688
	14：00	918	601	799	610
	15：00	768	483	647	494
	16：00	570	332	467	356
	17：00	343	158	283	216
	18：00	132	30	116	89

续表

地点	时间	方法 A1		方法 A2	
		总太阳辐照度（W/m²）	直接太阳辐照度（W/m²）	总太阳辐照度（W/m²）	直接太阳辐照度（W/m²）
合肥	06：00	113	23	118	82
	07：00	301	136	285	200
	08：00	506	299	469	331
	09：00	709	462	650	459
	10：00	852	582	802	567
	11：00	933	651	904	639
	12：00	958	674	940	665
	13：00	933	651	904	639
	14：00	852	582	802	567
	15：00	709	462	650	459
	16：00	506	299	469	331
	17：00	305	136	285	200
	18：00	113	23	118	82
汕头	06：00	86	14	88	63
	07：00	298	136	258	186
	08：00	515	319	450	324
	09：00	727	497	640	461
	10：00	881	631	801	577
	11：00	950	716	909	655
	12：00	1017	747	948	682
	13：00	985	716	909	655
	14：00	881	631	801	577
	15：00	727	497	640	461
	16：00	515	319	450	324
	17：00	298	136	258	186
	18：00	86	14	88	63
昆明	06：00	81	12	73	55
	07：00	284	120	258	198
	08：00	495	288	468	360
	09：00	709	463	678	522
	10：00	858	588	857	661
	11：00	950	664	978	754
	12：00	973	687	1020	787
	13：00	950	664	978	754
	14：00	858	588	857	661
	15：00	709	463	678	522
	16：00	495	288	468	360
	17：00	284	120	258	198
	18：00	81	12	73	55

注：时间均指当地的真太阳时，而非北京时间。

图 3.2-6、图 3.2-7 是 A1、A2 两种方法下的夏季设计日逐时总、直接太阳辐照度。整体来看，夏季设计日逐时太阳辐照度采用方法 A2 计算的 30 年数据统计值与使用方法 A1 计算的相关规范推荐值差距不大，5 个典型城市两种方法下的总太阳辐照度差值为 0~121W/m²，平均值为 42W/m²；直接太阳辐照度差值为 0~118W/m²，平均值为 49W/m²。

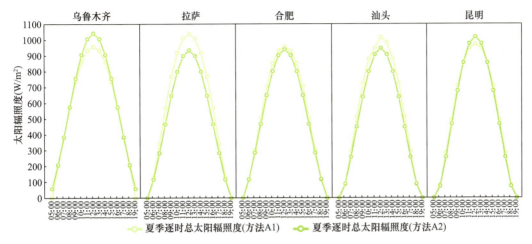

图 3.2-6　夏季设计日逐时总太阳辐照度

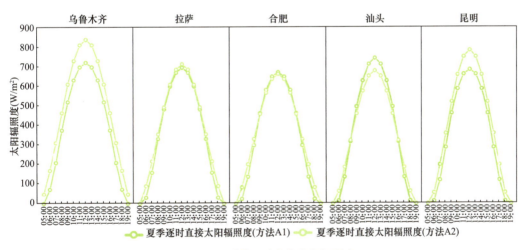

图 3.2-7　夏季逐时直接太阳辐照度

对于严寒地区的乌鲁木齐和寒冷地区的拉萨，使用本书提出的方法 A2 计算的统计值和使用方法 A2 查找的相关规范值相差较大，但情况有所不同。夏季乌鲁木齐使用方法 A2 得到的逐时太阳辐照度整体高于方法 A1 的结果，总、直接太阳辐照度的差值分别为 4~83W/m²、47~118W/m²。夏季拉萨使用方法 A1 得到的逐时总太阳辐照度反而整体高于方法 A2 的结果，总、直接太阳辐照度的差值分别为 0~121W/m²、0~59W/m²。主要原因是夏季我国整体太阳辐射值较大，但太阳辐射最强的地区是我国的新疆、内蒙古地区，总体处于干旱或者半干旱地区，夏季大气透明度高，设计日逐时太阳辐照度整体应近似等于晴天太阳辐射。但方法 A2 使用的数据为 1991~2020 年实测数据，方法 A1 使用的数据为 1971~2000 年的实测数据。由于乌鲁木齐过去 50 年太阳辐射值的变化趋势为逐年增大，因此方法 A2 的值整体较高。西藏夏季大气透明度高，夏季太阳辐射值接近理论值，结合西藏年际变化规律，夏季太阳辐射值设计参数小于规范值，乌鲁木齐与西藏趋势不同。

此外，夏热冬冷地区的合肥、夏热冬暖地区的汕头采用方法 A2 的值明显小于方法 A1 的值，主要原因是夏热冬冷、夏热冬暖地区总体处于半湿润、湿润气候区，夏季空气湿度大、水汽压高，设计日太阳辐射值小于晴天太阳模型计算的太阳辐射值。对于温和地区的昆明，两种方法下的总太阳辐射值相差不大，但方法 A1 对应的直接太阳辐射值大于方法 A2 的值。同样处于半湿润和湿润气候区，温和地区的昆明展现出完全不同趋势的原因是 1970～2020 年昆明的总太阳辐射值、直接太阳辐射值逐年增大，与汕头、合肥的年际变化趋势不同。

综合冬、夏季设计日太阳辐射设计参数计算结果，现行规范中给出的参考值与本书提出的方法给出的统计值相差较大。对于空调使用需求较大的夏热冬冷、夏热冬暖和温和地区，夏季室外空气温度高，精确的太阳辐射设计参数对负荷的准确计算具有重要意义。同样对于冬季太阳辐射较强的地区，为高效合理地利用太阳能，准确计算负荷同样重要。现行规范的太阳辐射设计参数适用性较差，因此，本书提出的太阳辐射设计参数新取值方法具有重要意义。为进一步对比不同方法下设计参数的准确性，下文将针对冷、热负荷不保证时间进行深入对比分析。

3.2.5 冷、热负荷不保证时间对比

在建筑负荷计算过程中，若参数选取过于极端，比如"历年不保证 1h"，易导致设计负荷计算偏差，后续选取设备系统容量偏大，造成浪费资源、系统运行效率低等问题；反之则容易导致容量偏小、难以满足室内热舒适要求。为验证参数选取合理性，使用实际不保证时间进行对比，实际不保证时间并非越小越好，应该选取更靠近冬季"历年不保证 5d"、夏季"历年不保证 50h"的设定要求。

如图 3.2-8 所示，对于夏季冷负荷、冬季热负荷，分别选择附加阳光间式被动建筑、空调建筑作为模型，利用方法 A1、A2 的冬、夏季设计日逐时太阳辐照度，结合室外计算逐时干球温度，采用简化模型计算设计被动式太阳能建筑冷负荷和热负荷。将其与使用 TRNSYS 软件建立物理仿真模拟程序计算的 30 年逐时冷、热负荷对比，通过不保证时间验证方法 A2 中太阳辐射设计参数的合理性。

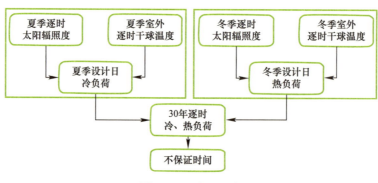

图 3.2-8 验证思路

1. 典型建筑设置

图 3.2-9、图 3.2-10 分别展示了负荷计算用被动建筑、空调建筑的建筑尺寸及样式。被动建筑主体由主房间和南向附加阳光间构成,由公用墙分隔,公用墙上开内门,被动建筑多用于冬季太阳辐射水平较高的地区。选取寒冷地区的拉萨进行冬季供暖负荷计算;空调建筑选取合肥计算夏季空调负荷。围护结构参数见表 3.2-6。

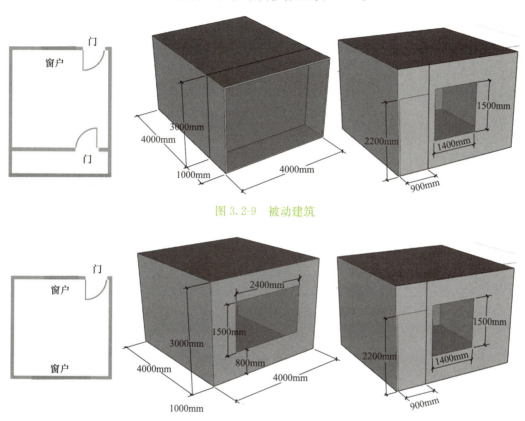

图 3.2-9 被动建筑

图 3.2-10 空调建筑

围护结构参数 [单位:W/(m²·K)]　　　　　　　表 3.2-6

参数	拉萨	合肥
外墙传热系数	0.308	0.592
屋顶传热系数	0.25	0.393
楼地传热系数	0.639	2.895
北窗传热系数	1.8	2.488
北窗太阳得热系数	0.42	0.328
南窗传热系数	1.856	2.488
南窗太阳得热系数	0.5	0.328
门传热系数	2.7	2.7

2. 不保证时间对比

冬季设计日室外逐时干球温度由 1991~2020 年逐日气象数据通过插值计算得来。供暖室外设计温度要求"历年不保证 5d",将 30 年日平均温度值从小到大排序,选取第 151d

的日平均温度为日平均温度，添加±0.2℃的阈值，将结果作为冬季设计日逐时温度。夏季设计日室外逐时干球温度根据《民用建筑热工设计规范》GB 50176—2016 中平均不保证50h的统计计算方法重新统计计算。

以拉萨和合肥为例，利用方法 A1 规范参考值和方法 A2 提出的冬、夏季设计日太阳辐射设计参数结合室外计算干球温度［图 3.2-11（a）］，计算得到拉萨冬季设计日热负荷和合肥夏季设计日冷负荷［图 3.2-11（b）］。

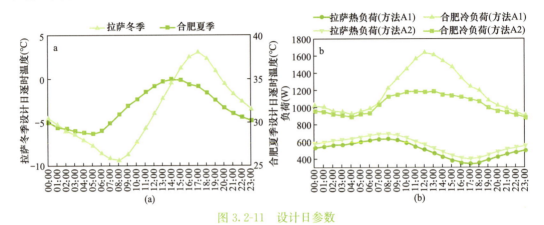

图 3.2-11　设计日参数
（a）设计日逐时温度；（b）方法 A1 和 A2 计算冷、热负荷对比图

方法 A1 计算对应的热负荷小于方法 A2 计算对应的热负荷，方法 A1 和方法 A2 的负荷平均值分别为509W 和564W。方法 A1 和方法 A2 计算对应的逐时冷负荷平均值分别为1187W 和1036W，方法 A2 计算所得明显较小。造成上述现象的主要原因是方法 A1 取值采用晴天太阳辐射模型计算，参数值明显大于本书提出的太阳辐射参数，用规范参考值计算会导致太阳辐射得热量偏大。

图 3.2-12 为两种方法下设计日建筑冷、热负荷与 30 年累年逐时冷、热负荷对比图。冬季设计日时方法 A1 和方法 A2 的不保证时间分别为4521h 和3866h，折算后历年平均不保证天数分别为 6.27d 和 5.37d。由此可知方法 A1 给出的太阳辐射设计参数规范参考值选取偏大，计算热负荷偏小，而方法 A2 考虑长期太阳辐射年际变化规律，提出的太阳辐射设计参数计算热负荷时与规范要求的历年平均不保证5d更接近。

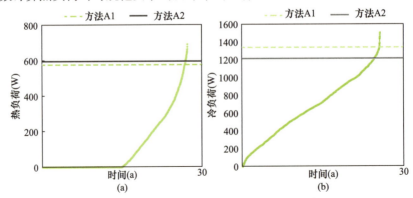

图 3.2-12　两种方法下设计日建筑冷、热负荷与 30 年累年逐时冷、热负荷对比图
（a）热负荷；（b）冷负荷

夏季设计日时方法 A1、方法 A2 的不保证时间分别为 544h 和 1207h，折算后历年平均不保证小时数分别为 18.1h 和 40.2h。方法 A1 给出的规范参考值高于合肥地区太阳辐射值，不保证时间过小。本书提出的方法 A2 夏季太阳辐射设计参数，计算冷负荷时不保证时间更接近规范"历年平均不保证 50h"的要求。

3.3　系统设计用太阳辐射设计参数取值方法

3.3.1　现有系统设计用太阳辐射设计参数取值方法及存在的问题

1. 12 月平均太阳辐射设计参数

根据《太阳能供热采暖工程技术标准》GB 50495—2019 规定，供暖季运行系统选取 12 月平均日太阳辐射量作为太阳辐射设计参数，主要原因是 12 月为理论上全年平均太阳辐射最小月，计算公式如下：

$$H_{\mathrm{mon}} = \frac{1}{n}\sum_{i=1}^{n} H_{\mathrm{m}12,i} \tag{3.3-1}$$

其中，H_{mon} 为历年 12 月份平均日太阳辐射量，$MJ/(m^2 \cdot d)$；n 为统计年份，一般取 30 年；$H_{\mathrm{m}12,i}$ 为第 i 年 12 月份的平均日太阳辐射量，$MJ/(m^2 \cdot d)$。

2. 年平均太阳辐射设计参数

根据现有规范，全年运行系统选取全年平均日太阳辐射量作为太阳辐射设计参数，计算方法为长期辐射数据的年总太阳辐射均量：

$$H_{\mathrm{year}} = \frac{1}{n}\sum_{i=1}^{n} H_i \tag{3.3-2}$$

其中，H_{year} 为年平均日太阳辐射量，$MJ/(m^2 \cdot d)$；H_i 为第 i 年的年总太阳辐射量，MJ/m^2。

3. 现有系统设计用太阳辐射设计参数取值存在的问题分析

对于 12 月月平均太阳辐射设计参数，之所以选择 12 月份进行统计，主要原因是因为 12 月份为理论上一年中太阳辐射量最小的一个月。但是由于天气、气候等不确定因素影响，实际每年太阳辐射量最小月份也在变化，12 月月平均太阳辐射设计参数取值过于理想；对于年平均太阳辐射设计参数，由于太阳辐射数据缺失是普遍问题，目前普遍基于典型气象年进行参数取值，而典型气象年平抑了太阳辐射设计参数年代际波动特征。

3.3.2　系统设计用太阳辐射参数取值思路

系统容量计算过程中常用的室外设计计算参数，如冬季通风室外计算温度、冬季空气调节室外计算相对湿度等，其参数确定方法是基于长期气象数据的"累年极值平均值"。"累年极值平均值"指多年同一特定时期（如冬季）某参数的极值（如最高温度、最低温度、最大湿度等）平均值。根据参数需求筛选气象数据，找出每年同一特定时期的极值，将多年极值平均，以得到累年极值平均值。这种参数确定思路考虑气候的波动性和变化性，减小因单一年份数据异常造成的不利影响，计算的参数更为合理可靠。

参考现有规范中使用的太阳辐射设计参数，对于供暖季运行系统，规范认为 12 月能够代表供暖季的整体辐射水平,因此以其作为供暖季代表辐射区间,计算代表区间的平均值,作为系统设计的依据。对于全年运行系统,由于系统需要在全年内保持稳定运行,因此应选取全年辐射的平均值作为设计参数。

因此,太阳辐射设计参数取值借鉴"累年极值平均值"参数确定思路,但不选取极值、平均值,而是选取能够反映特定时期整体太阳辐射水平的太阳辐射值,为系统容量设计、设备选型提供较为准确和可靠的数据支持。

此外,太阳辐射设计参数直接影响光热光伏系统中太阳能集热器、光伏组件的面积确定,而太阳能集热器、光伏组件的面积大小直接影响到系统能够收集到的能量,面积过小,可能无法满足系统用能需求,导致系统性能下降;面积过大则可能增加系统的成本和维护难度。因此,太阳辐射设计参数取值需要根据系统性能进行准确计算和评估,综合考虑系统与太阳辐射设计参数之间的相互影响制约关系。

综上所述,借鉴系统设计用室外设计计算参数,提出"累年太阳辐射整体水平"参数取值思路,使用30年长期辐射数据确定反映不同运行时段整体太阳辐射水平的最优区间,太阳辐射设计参数受此区间约束。由于太阳辐射设计参数与系统性能之间相互影响,故结合系统运行流程,取系统平准化度电成本(Levelized Cost of Energy,*LCOE*)最小时对应的太阳辐射值为系统设计用太阳辐射设计参数(取值思路见图3.3-1)。

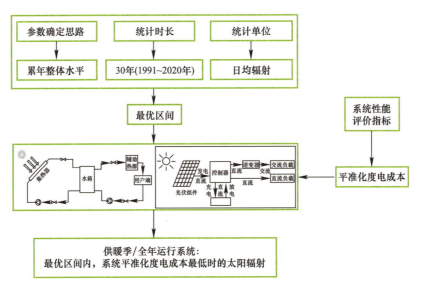

图3.3-1 系统设计用太阳辐射设计参数取值思路

基于最优区间的系统设计用太阳辐射设计参数取值方法,取值流程分为两步:
(1) 使用30年长期辐射数据,确定反映运行时段整体太阳辐射水平的最优区间;
(2) 基于最优区间,取系统平准化度电成本最小时的太阳辐射值为太阳辐射设计参数。

3.3.3 系统设计用太阳辐射计算参数取值方法案例研究

以乌鲁木齐为例,按照最优区间确定、基于最优区间的系统设计用太阳辐射设计参数确定两个步骤,计算乌鲁木齐供暖季太阳辐射设计参数。

1. 最优区间确定

选取1991~2020年逐日总太阳辐射值，计算30年日均太阳辐射值，建立典型年典型日辐射数据库。查规范可知，乌鲁木齐设计计算用供暖期为10月24日至次年3月30日，据此筛选乌鲁木齐供暖期典型日太阳辐射值。

依据最优区间确定方法，在供暖季典型日内选取区间表征30年长期供暖季整体太阳辐射水平。从1开始选取天数x_i，则区间可以为［第1天，第1天＋x_i］、［第10天，第10天＋x_i］等，分别计算对应的区间太阳辐射均值y_i。表3.3-1展示了当区间天数x_i选取为81时供暖季运行系统不同取值区间的相关参数。

x_i为81时供暖季运行系统不同取值区间的相关参数　　表3.3-1

开头第m天	结尾第n天	区间均值[MJ/(m²·d)]	平均绝对误差[MJ/(m²·d)]
1	81	9.465	1.39
2	82	9.409	1.45
5	85	9.166	1.69
9	89	8.836	2.02
15	95	8.536	2.32
20	100	8.411	2.45
26	106	8.435	2.42
37	117	8.676	2.18
49	129	9.396	1.46
51	131	9.577	1.28
67	147	10.727	0.13
……			

根据最优区间选取要求，乌鲁木齐太阳辐射设计参数最优区间确定为12月31日~3月20日对应的太阳辐射量上下限，最佳倾角倾斜面上的最优区间太阳辐射量范围为［6.561，15.377］MJ/(m²·d)。

将最优区间确定方法应用于拉萨、合肥两地，得到供暖季、全年运行系统典型城市的太阳辐射量最优区间。最优区间结果见表3.3-2。

典型城市太阳辐射量最优区间结果［单位：MJ/(m²·d)］　　表3.3-2

城市	供暖季运行系统	全年运行系统
乌鲁木齐	[6.56，15.38]	[6.60，25.96]
拉萨	[16.80，21.27]	[15.94，21.86]
合肥	[7.22，11.54]	[7.73，20.01]

2. 太阳辐射设计参数确定

最优区间选取结束后，系统均热成本最小时对应的太阳辐射值确定为太阳辐射设计参数。使用TRNSYS软件对供暖季太阳能系统进行优化求解。图3.3-2展示了最优区间内，乌鲁木齐供暖季太阳能系统不同太阳辐射设计参数取值与均热成本之间的关系。由图3.3-2可知，随着太阳辐射设计参数取值增大，乌鲁木齐供暖季太阳能系统均热成本先降低后增大，在最优区间中部取到最小均热成本。查最终结果可知，供暖季太阳能系统均热成本最小值为 0.6385 元/kWh，乌鲁木齐供暖季系统用太阳辐射设计参数值为 9.466MJ/(m²·d)。

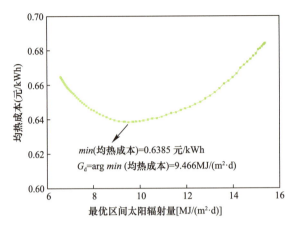

图 3.3-2　乌鲁木齐供暖季太阳能系统不同太阳辐射设计参数取值与均热成本关系图

将基于最优区间的太阳辐射设计参数取值方法应用于拉萨、合肥两地，得到供暖季、典型城市设计用太阳辐射设计参数，结果见表 3.3-3。

典型城市系统设计用太阳辐射设计参数 [单位：MJ/(m²·d)]　　表 3.3-3

城市	供暖季运行系统	全年运行系统
乌鲁木齐	9.466	12.327
拉萨	21.263	15.945
合肥	9.8338	7.735

3.3.4　系统设计用太阳辐射参数取值方法

系统用太阳辐射设计参数最优区间的确定需使用 30 年长期辐射数据，计算运行时段内的典型日区间。选取不同天数长度的取值区间，通过对天数比、均值差两个参数的制约，选取满足要求的反映运行时段整体太阳辐射水平最优区间。最优区间的确定可按照下述流程详细计算：

1. 确定运行时段典型日太阳辐射数据

基于长期辐射统计数据，计算 1991～2020 年每日太阳辐射均值，建立典型日太阳辐射数据库。确定不同运行时段内典型日总天数 X，计算不同运行时段日均太阳辐射值 Y。

2. 选取不同取值区间

将运行时段内的典型日按日期排列（供暖季按照年末至年初）并编号，以天数 x_i 为间隔（$1 \leqslant x_i \leqslant X$）罗列所有取值区间，计算罗列的所有取值区间的日太阳辐射均值。

如图 3.3-3 所示，以乌鲁木齐供暖季为例，典型日总天数 X 为 159d，供暖季最佳倾角倾斜面上的日均太阳辐射值 Y 为 10.859MJ/(m²·d)。在供暖季运行区间中选取不同的区间，x_i 取值从 1 到 159，图 3.3-3 中方框部分展示了部分区间选取情况。

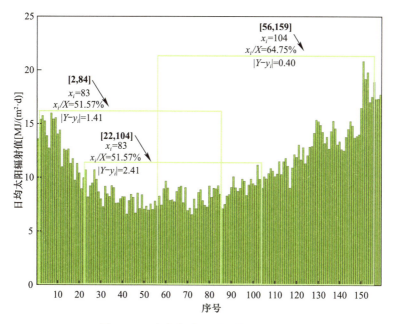

图 3.3-3　乌鲁木齐不同取值区间选取

3. 确定最优区间

为反映运行时段整体太阳辐射水平，设定最优区间应同时满足两个条件，根据条件 1、条件 2 确定的最优区间日太阳辐射值范围为［最小太阳总辐射量，最大太阳总辐射量］（表 3.3-4）。

最优区间满足条件　　　　　　　　　　　　　　　表 3.3-4

条件	要求	表示
条件 1	最优区间天数 x_i 与运行时段总天数 X 的比值位于 0.49~0.51 之间	$0.49 \leqslant (x_i/X) \leqslant 0.51$
条件 2	最优区间辐射均值 y_i 与运行时段太阳辐射均值 Y 的均值差最小	$\min(|Y-y_i|)$

表征系统运行时段整体太阳辐射水平的最优区间确定流程图如图 3.3-4 所示。

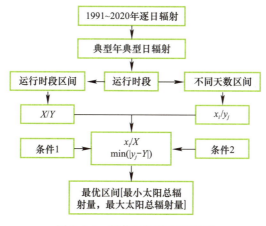

图 3.3-4　最优区间确定流程图

3.3.5 取值方法验证分析

本书提出的新方法以最小均热成本为目标确定太阳辐射设计参数，因此需要将均热成本作为两种太阳辐射设计参数取值方法的对比项。此外，太阳能系统实际运行过程中，系统的太阳能保证率与设计阶段所设定的保证率之间存在一定的偏差，笔者认为实际太阳能保证率越接近设定太阳能保证率，太阳辐射设计参数取值方法越合理。本节以乌鲁木齐、拉萨、合肥为例，从均热成本和系统太阳能保证率两个方面验证新参数取值方法的合理性。

1. 均热成本对比分析

依据两种方法对应的太阳辐射设计参数设计供暖季、全年运行系统，并计算对应系统的均热成本。两种方法下不同类型太阳能供暖系统均热成本结果见表 3.3-5。

两种方法下不同类型太阳能供暖系统均热成本结果 表 3.3-5

系统类型	城市	方法 B1 均热成本（元/kWh）	方法 B2 均热成本（元/kWh）
供暖季运行系统	乌鲁木齐	0.624	0.582
	拉萨	0.293	0.265
	合肥	1.004	0.792
全年运行系统	乌鲁木齐	0.320	0.306
	拉萨	0.191	0.190
	合肥	0.398	0.385

方法 B2 计算的系统均热成本小于方法 B1 对应的均热成本值，满足太阳辐射设计参数取值方法的设计要求。以供暖季为例，供暖季运行系统的均热成本中，合肥地区的均热成本值明显高于其他两地，这是由于合肥地区在供暖季整体太阳辐射水平较低，集热器集热量极小，造成均热成本值较大。通过太阳辐射设计参数的修正，同样的系统下，选取本书提出的方法 B2 对应的太阳辐射设计参数对系统均热成本有较大的改善。拉萨地区由于太阳辐射资源丰富，现有系统对太阳辐射的利用较为充分，因此均热成本降低效果有限。

整体来看，全年运行系统的均热成本整体低于供暖季运行系统的均热成本。主要原因是由于跨季节蓄热系统的存在，太阳能集热器吸收非供暖季的太阳辐射并转化为热能储存，太阳能集热器全年整体集热量提高，均热成本低于供暖季运行系统，其中以合肥地区均热成本的改善最为明显。从均热成本这一指标出发，本书提出的基于最优区间的太阳辐射设计参数取值方法更合理。

2. 太阳能保证率对比分析

针对方法 B2 和方法 B1，结合不同的太阳能供暖系统计算太阳能集热器集热量及辅助热源加热量，计算不同系统的实际太阳能保证率，与设计太阳能保证率进行对比。

两种方法对应的供暖季各典型城市太阳能供暖系统太阳能保证率见表 3.3-6，实际太阳能保证率与当地设计太阳能保证率如表 3.3-6 所示，实际太阳能保证率越接近设计太阳能保证率，代表设计参数取值越好。

对于供暖季运行的太阳能供暖系统，整体来看方法 B2 的实际太阳能保证率更接近设计太阳能保证率。拉萨地区两种方法下太阳能保证率数值较为接近，这是由于拉萨当地太

两种方法对应的供暖季各典型城市太阳能供暖系统太阳能保证率　　表 3.3-6

城市	方法	太阳能集热器集热量（kWh）	电辅助加热量（kWh）	实际太阳能保证率（％）	设计太阳能保证率（％）
乌鲁木齐	方法 B1	3954.909	6663.183	37.25	30
	方法 B2	3009.000	7465.000	28.73	
拉萨	方法 B1	2562.000	2197.000	53.83	60
	方法 B2	3095.342	1714.972	64.35	
合肥	方法 B1	2209.190	7535.554	22.67	30
	方法 B2	3143.629	6651.011	32.10	

阳辐射强度大，在供暖系统中集热量占比较大，本书提出的新参数改进不明显。但对于太阳辐射资源稍少的乌鲁木齐和太阳辐射资源较少的合肥地区，实际太阳能保证率更接近设计保证率，平均改善幅度提升分别为 19.9％ 和 17.4％。因此基于最优区间的供暖季系统设计用太阳辐射设计参数更合理。

两种方法对应的全年各典型城市太阳能供暖系统太阳能保证率见表 3.3-7。

两种方法对应的全年各典型城市太阳能供暖系统太阳能保证率　　表 3.3-7

城市	方法	太阳能集热器集热量（kWh）	电辅助加热量（kWh）	实际太阳能保证率（％）	设计太阳能保证率（％）
乌鲁木齐	方法 B1	4526.834	7253.323	38.43	45
	方法 B2	5463.390	7168.211	43.25	
拉萨	方法 B1	4464.779	2650.473	62.75	80
	方法 B2	5994.043	1982.453	75.15	
合肥	方法 B1	1926.681	8875.464	17.84	35
	方法 B2	2906.265	8662.032	25.12	

与供暖季运行的太阳能供暖系统结果类似，全年运行系统方法 B2 的实际太阳能保证率也更接近设计太阳能保证率。实际太阳能保证率与设计太阳能保证率的偏差随着蓄能时间增长而增大。对于全年运行系统，其实际太阳能保证率均小于设计太阳能保证率，方法 B2 对应的太阳能保证率偏差更小，因此基于最优区间的全年系统设计用太阳辐射设计参数更合理。

3.4　本章小结

本章分析了建筑负荷计算用太阳辐射参数、系统设计用太阳辐射参数两大类太阳辐射参数的目的，借鉴暖通空调室外计算温度统计方法，提出了建筑冷、热负荷用太阳辐射计算参数统计方法；依据太阳能系统的基本运行逻辑，提出了基于最优区间的系统设计用太阳辐射参数统计方法。结果显示：采用本章提出的太阳辐射参数计算建筑冷、热负荷，相比既有规范或计算模型得到的参数，其不保证时间更加接近于夏季不保证 50h 和冬季平均不保证 5d 的要求；类似地，采用本章节提出的太阳辐射计算参数进行系统选型，均热成本相比既有 12 月月平均参数得到的结果更低，太阳能保证率更高。

第4章 非透明围护结构的太阳辐射传热过程

建筑的非透明围护结构主要包括墙体、屋顶等，由具有不同热性能的多个材料层构成，是建筑抵御室外气候影响的关键屏障，因此，准确分析非透明围护结构的传热过程是进行建筑热工设计和暖通系统能耗计算的基础。通过非透明围护结构的传热过程主要分为以下4部分：①非透明围护结构外表面与室外空气的对流换热；②非透明围护结构内外壁面温差引起的导热；③非透明围护结构内表面与室内空气的对流换热，以及与室内其他壁面之间的辐射换热；④太阳辐射在非透明围护结构上的传热。

有别于空气温度等环境参数对围护结构传热过程的影响，太阳辐射具有朝向差异性、周期阶跃性和随机性等特点，导致非透明围护结构外表面接收的太阳辐射量同样具有上述特征，因此，掌握非透明围护结构的传热过程需考虑太阳辐射的朝向差异性、周期阶跃性和随机性。太阳辐射对非透明围护结构的热作用可以分解为两个过程：太阳辐射在围护结构外表面的吸收和反射过程；围护结构外表面吸收太阳辐射热量升温后与室外空气之间的对流换热、以长波辐射的形式向周围环境放热，以及吸收的热量以热传导的方式通过围护结构向室内传热。

4.1 太阳辐射在非透明围护结构外表面的光热转化

4.1.1 太阳辐射在非透明围护结构外表面的吸收和反射

如图 4.1-1 所示，当太阳辐射照射到非透明围护结构外表面时，一部分会被反射，一部分会被吸收，二者的比例取决于围护结构表面的吸收率（或反射率）。按照能量守恒定律有：

$$Q = Q_\alpha + Q_\rho \tag{4.1-1}$$

其中，Q 为入射到非透明围护结构外表面的太阳能辐射量，W；Q_α 为非透明围护结构外表面吸收的太阳能辐射量，W；Q_ρ 为非透明围护结构外表面反射的太阳能辐射量，W。

Q_α/Q、Q_ρ/Q 分别称为非透明围护结构对太阳辐射的吸收比、反射比（习惯上一般称为吸收率、反射率），记为 α、ρ。

$$\alpha + \rho = 1 \tag{4.1-2}$$

建筑外墙饰面材料主要包括涂料类、石材类、瓷砖类和挂板类，如图 4.1-2 所示，由于不同建筑外墙饰面材料种类、粗糙度、颜色等具有较大差别，其对太阳辐射的吸收率和反射率也存在不同。太阳辐射能投射到物体表面后的反射现象可分为镜面反射和漫反射，这取决于表面不平整度尺寸的大小，即表面粗糙度，它是相对于热辐射波长而言的。当表面不平整尺寸小于投入辐射的波长时，形成镜面反射，此时入射角等于反射角，高度磨光的金属板就是镜面反射的实例。当表面不平整尺寸大于投入辐射的波长时，形成漫反射，这时从某一方向投射到物体表面上的辐射向空间各个方向反射出去，如图 4.1-3 所示。一般来说，建筑围护结构表面形成的反射大多为漫反射。

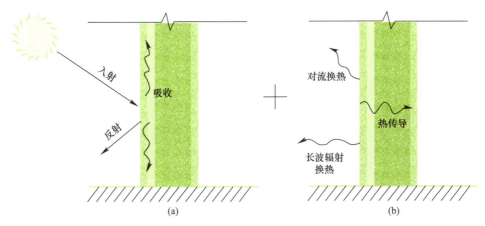

图 4.1-1　太阳辐射在非透明围护结构外表面的传热过程
(a) 太阳辐射在非透明围护结构外表面的吸收和反射；(b) 非透明围护结构吸收太阳辐射后热量的传热路径

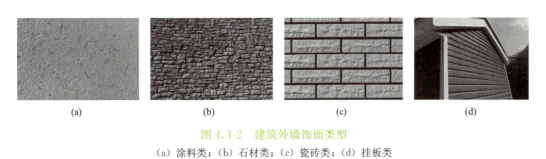

图 4.1-2　建筑外墙饰面类型
(a) 涂料类；(b) 石材类；(c) 瓷砖类；(d) 挂板类

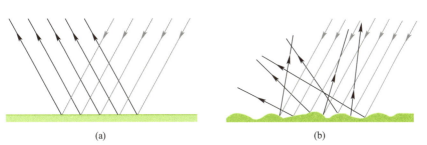

图 4.1-3　粗糙度对非透明围护结构表面反射率的影响
(a) 镜面反射；(b) 漫反射

除粗糙度之外，不同颜色的建筑外表面对太阳辐射的波长是有选择性的，颜色越深，材料对太阳辐射的吸收率越高，对于环境的辐射热作用减少，但是在夜间长波辐射散热作用下，向周围空气散出的能量也相对较多。黑色表面对各种波长的辐射几乎都是全部吸收，而白色表面对不同波长的辐射反射率不同，可以反射几乎 90% 的可见光。因此，围护结构外表面越粗糙、颜色越深,对太阳辐射的吸收率就越高、反射率就越低。表 4.1-1 给出了不同材料的围护结构外表面对太阳辐射的吸收率。

不同材料的围护结构外表面对太阳辐射的吸收率　　　　表 4.1-1

围护结构外表面	颜色	吸收率	围护结构外表面	颜色	吸收率
石棉水泥板	浅	0.72~0.87	红砖墙	红	0.7~0.77
镀锌薄钢板	灰黑	0.87	硅酸盐砖墙	清灰	0.45
拉毛水泥面墙	米黄	0.65	混凝土砌块	灰	0.65
水磨石	浅灰	0.68	混凝土墙	暗灰	0.73
外粉刷	浅	0.4	红褐陶瓦屋面	红褐	0.65~0.74
灰瓦屋面	浅灰	0.52	小豆石保护屋面层	浅黑	0.65
水泥屋面	素灰	0.74	白石子屋面	—	0.62
水泥瓦屋面	暗灰	0.69	油毛毡屋面	—	0.86

4.1.2　非透明围护结构外表面太阳辐射得热过程

1. 非透明围护结构外表面热平衡过程

图 4.1-4 为非透明围护结构外表面的热平衡过程,太阳直射辐射、天空散射辐射和地面反射辐射均含有可见光和红外线,与太阳辐射的组成类似;而大气长波辐射、环境表面长波辐射和地面长波辐射则只含有长波红外线辐射部分。非透明围护结构外表面得热等于太阳辐射热量、长波辐射换热量和对流换热量之和。

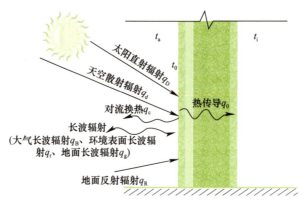

图 4.1-4　非透明围护结构外表面的热平衡过程

非透明建筑围护结构外表面受到太阳辐射热作用主要包括:太阳直射辐射、天空散射辐射和地面反射辐射,后两者以散射辐射的形式出现。

非透明围护结构外表面的热平衡方程为:

$$q_t + q_R + q_B + q_g = q_0 + q_c + q_r \tag{4.1-3}$$

$$q_t = q_D + q_d = \alpha_D I_D + \alpha_d I_d \tag{4.1-4}$$

其中,q_D 为非透明围护结构外表面所吸收的太阳直射辐射热量,W/m^2;q_t 为非透明围护结构外表面所吸收的太阳辐射热量,W/m^2;q_d 为非透明围护结构外表面所吸收的天空散射辐射热量,W/m^2;α_D、α_d 分别为非透明围护结构外表面对太阳直射辐射、天空散射辐射的吸收率；I_D 为太阳直射辐射强度，W/m^2；I_d 为太阳散射辐射强度，W/m^2。

q_R 为非透明围护结构外表面所吸收的地面反射辐射热量，W/m^2，见式（4.1-5）。

$$q_R = \alpha_d I_R = \alpha_d \rho_g I_{SH} \left[1 - \left(\cos\frac{\theta}{2} \right)^2 \right] \tag{4.1-5}$$

其中，I_R 为与水平面呈 θ 倾角的斜面接收的地面反射辐射强度，W/m^2；ρ_g 为地面平均反射率；I_{SH} 为地面接收的太阳总辐射强度，W/m^2。

q_B 为非透明围护结构外表面所吸收的大气长波辐射热量，W/m^2，见式（4.1-6）。

$$q_B = \alpha'_{sd} I_B \tag{4.1-6}$$

其中，I_B 为大气长波辐射强度，W/m^2；α'_{sd} 为非透明围护结构外表面对大气长波辐射的吸收率。

q_g 为非透明围护结构外表面所吸收的地面长波辐射热量，W/m^2，见式（4.1-7）。

$$q_g = C_b \varepsilon_g \left(\frac{T_g}{100} \right)^4 \tag{4.1-7}$$

其中，T_g 为地面温度，K，可近似用周围大气温度代替；C_b 为黑体辐射常数，$5.67W/(m^2 \cdot K^4)$；ε_g 为壁面黑度。

q_c 为非透明围护结构外表面与室外空气之间的对流换热量，W/m^2，见式（4.1-8）。

$$q_c = h_c (t_0 - t_a) \tag{4.1-8}$$

其中，h_c 为非透明围护结构外表面的对流换热系数，$W/(m^2 \cdot K)$；t_0 为非透明围护结构外壁面温度，℃；t_a 为室外空气温度，℃。

q_r 为非透明围护结构外表面与周围之间进行的长波辐射换热量，W/m^2，见式（4.1-9）。

$$q_r = C_b \varepsilon_i \left(\frac{T_i}{100} \right)^4 \tag{4.1-9}$$

其中，ε_i 为大气黑度；T_i 大气温度，K。

需要特别说明的是，不同朝向的建筑围护结构外表面接收到的太阳辐射具有强度上和时间上的差异性，也就是说，各朝向围护结构所接收到的太阳辐射量是不同的，因此，在建筑热工设计中要注意到差异性带来的设计方法变化。

2. 太阳辐射当量温度

工程上为了简化建筑非透明围护结构外表面的换热过程，通常忽略地面反射辐射、大气长波辐射和地面长波辐射对非透明围护结构外表面的热作用，如图 4.1-5 所示。

简化后的非透明围护结构外表面热平衡方程可以表示为：

$$q_t = q_0 + q_r + q_c \tag{4.1-10}$$

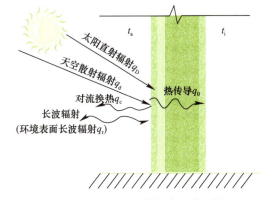

图 4.1-5　太阳辐射在非透明围护结构外表面的传热过程

非透明围护结构外表面与外界环境之间存在对流换热和辐射换热，其换热强度与室外风速、空气温度、壁面温度等因素有关。为了简化方程，引入非透明围护结构外表面总换热系数 h_o 来表示对流换热系数和辐射换热系数之和，用换热量 q_a 来计算非透明围护结构外表面的对流换热量和辐射换热量。

$$q_a = q_r + q_c = h_r(t_0 - t_a) + h_c(t_0 - t_a) = h_o(t_0 - t_a) \tag{4.1-11}$$

其中，h_r 为非透明围护结构外表面的辐射换热系数，W/(m²·K)；h_o 为非透明围护结构外表面总换热系数，W/(m²·K)。

由式（4.1-10）可得到非透明围护结构外表面向壁体内传入的热量为：

$$q_0 = q_t - q_r - q_c = h_o \left(t_a + \frac{\alpha_D I_D + \alpha_d I_d}{h_o} - t_0 \right) \tag{4.1-12}$$

因此，仅考虑太阳直射辐射和天空散射辐射的太阳辐射当量温度可表示为：

$$t_s(\tau) = \frac{\alpha_D I_D + \alpha_d I_d}{h_o} \tag{4.1-13}$$

其中，$t_s(\tau)$ 为太阳辐射当量温度，℃。太阳辐射当量温度与壁面吸收的太阳辐射量、对流换热系数和辐射换热系数有关。壁面吸收的太阳辐射量越大，对流换热系数和辐射换热系数越小，太阳辐射当量温度越大。

3. 室外空气综合温度

建筑围护结构处于自然气候条件下，其外表面受到太阳辐射和室外温度的双重波动热作用。为了计算方便，定义当量室外空气温度，即室外空气综合温度 t_z，相当于室外气温由原来的 t_a 增加了一个太阳辐射的等效温度 t_s，需要注意的是，这里忽略了地面反射辐射、大气长波辐射和地面长波辐射，故室外空气综合温度表达的是室外空气温度、太阳直射辐射和天空散射辐射三者的综合作用温度，并非实际的室外空气温度，其表达式为：

$$t_z = t_a + t_s = t_a + \frac{\alpha_D I_D + \alpha_d I_d}{h_o} \tag{4.1-14}$$

为了进一步比较考虑太阳辐射影响的室外空气综合温度和实际室外空气温度的区别，以拉萨、银川和西安地区为例，根据典型气象年数据并结合式（4.1-14），得到 3 个地区 1 月份某日的各朝向外墙接收的太阳辐射强度及室外空气综合温度逐时值，如图 4.1-6～图 4.1-11 所示。

由于各朝向外墙表面所受到的太阳辐射存在强度上和时间上的差异，各朝向室外空气综合温度在不同时间段内的差异性程度不同。其中，南向太阳辐射强度最大，北向太阳辐射强度最小，东、西向太阳辐射强度介于南、北向之间。各朝向室外空气综合温度变化规律与太阳辐射强度变化规律相似。拉萨、银川、西安的南向室外空气综合温度最高可分别达 26℃、17℃、24℃，南、北向室外空气综合温度差最大约分别为 24℃、19℃、18℃。由此可见，此外，太阳辐射强度越大的地区，各朝向室外空气综合温度的差异性越明显。

4. 太阳辐射随机性变化对建筑传热过程的影响

建筑非透明围护结构外表面接收的太阳辐射具有随机性变化特点，这种变化不仅受季节、天气等自然因素影响，还受建筑自身朝向、外部遮挡物等影响。例如，一天中的某个

第 4 章 非透明围护结构的太阳辐射传热过程

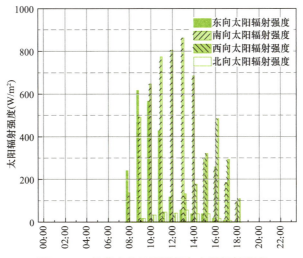

图 4.1-6 拉萨市某日不同朝向太阳辐射强度

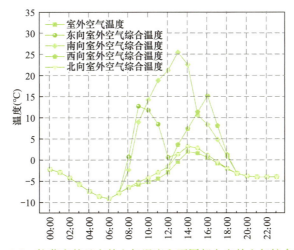

图 4.1-7 拉萨市某日室外空气温度和不同朝向室外空气综合温度

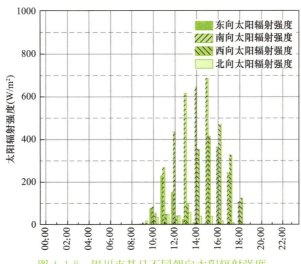

图 4.1-8 银川市某日不同朝向太阳辐射强度

57

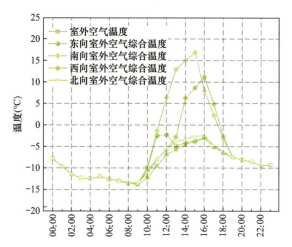

图 4.1-9 银川市某日室外空气温度和不同朝向室外空气综合温度

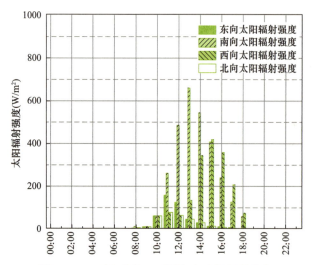

图 4.1-10 西安市某日不同朝向太阳辐射强度

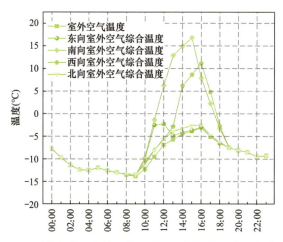

图 4.1-11 西安市某日室外空气温度和不同朝向室外空气综合温度

时间段，由于多云天气，建筑外表面接收到的太阳辐射的强度和时长呈现随机变化。建筑之间的相互遮挡也会直接影响建筑外表面接收到的太阳辐射量，进而影响建筑非透明围护结构的传热过程。如图 4.1-12 所示，在建筑相互遮挡的情况下，可以使用几何光学的方法来描述太阳辐射对建筑的影响。

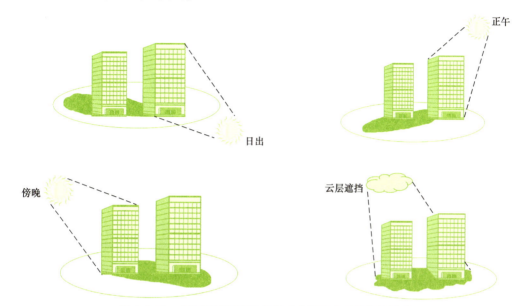

图 4.1-12　太阳辐射随机性变化对建筑外表面得热的影响

无论是建筑之间的相互遮挡，还是云层遮挡，都会导致建筑外表面接收到的太阳辐射量减少，这种随机性变化会导致围护结构传热过程发生不确定变化，一定程度上会影响围护结构内部的温度分布。所以，太阳辐射对建筑的热作用具有朝向差异、昼夜间歇以及随机性变化的特点，在建筑热工设计及能耗计算中要充分考虑这一点。

4.2　通过非透明围护结构的传热过程

4.2.1　温度波作用下围护结构的热特性指标

非透明围护结构稳定传热过程中，其传热量及内部温度分布主要与材料导热系数和结构传热阻密切相关。但实际上，非透明围护结构传热过程会受到空气温度、太阳辐射强度等室外侧参数动态作用，以及连续供暖/供冷、间歇供暖/供冷和自然通风等多种运行模式下的室内侧参数影响。因此，在室内外多种工况组合条件下的非透明围护结构传热过程如仍按照稳态传热计算必然会造成较大误差，其传热过程除了取决于材料层热阻，还与材料层蓄热系数及热惰性等热特性指标有关。

1. 材料的蓄热系数

在建筑热工设计中，把某一匀质半无限大壁体（即足够厚度的单一材料层）一侧受到谐波热作用时，迎波面（即直接受到外界热作用的一侧表面）上接收的热流波幅 A_q 与该表面的温度波幅 A_0 之比称为材料的蓄热系数。其值越大，材料的热稳定性越好，用 S 表示，单位为 $W/(m^2 \cdot K)$，材料蓄热系数 S 的表达式为：

$$S=\frac{A_q}{A_0}=\sqrt{\frac{2\pi\lambda c\rho}{Z}} \tag{4.2-1}$$

其中，λ 为材料的导热系数，W/(m·K)；c 为材料的比热容，kJ/(kg·K)；ρ 为材料的密度，kg/m³；Z 为温度波动周期，h。

当波动周期为 24h，则有：

$$S_{24}=0.51\sqrt{\lambda c\rho} \tag{4.2-2}$$

若围护结构中某层是由几种材料组成的，那么该层的平均蓄热系数可表示为：

$$\overline{S}=\frac{S_1F_1+S_2F_2+\cdots+S_nF_n}{F_1+F_2+\cdots+F_n} \tag{4.2-3}$$

其中，F_1，…，F_n 为在该层中按平行于热流划分的各个传热面积，m²；S_1，…，S_n 为各个传热面积上材料的蓄热系数，W/(m²·K)。

材料蓄热系数是对谐波热作用反应敏感程度的特性指标。也就是说，在同样谐波热作用下，蓄热系数 S 越大，则表面温度波动越小。由式（4.2-1）可知，S 不仅与材料热物理性能（λ、c、ρ）有关，还取决于外界热作用的波动周期。对同一种材料来说，热作用的波动周期越长，材料的蓄热系数越小，因此，引起墙体表面温度的波动也越大。

当建筑间歇供暖或间歇供冷时，围护结构内表面材料的蓄热系数对室内温度的变化有重要影响。例如，间歇供暖时，内表面材料蓄热系数大会导致室内温度上升较慢，供暖停止时，室内温度下降也较为缓慢。

2. 材料层表面的蓄热系数

在上文提出了材料蓄热系数 S 的概念，而实际的围护结构大多是有限厚度的单层平壁或多层平壁，此时，围护结构受到温度波周期性作用时，其表面温度的波动不仅与材料本身的热物理性能有关，还与边界条件有关，即在顺着温度波前进的方向，与该材料层相接触的介质（另一种材料或空气）热物理性能和散热条件，对其表面温度的波动也有影响。所以，对于有限厚度的材料层应采用表面蓄热系数，表面蓄热系数是在周期性热作用下，材料层表面温度升高或降低 1K 时，在 1h 内，1m² 表面积储存或释放的能量，用 Y 表示，单位为 W/(m²·K)。

多层材料组成的非透明围护结构表面蓄热系数计算式可以写成以下通用形式：

$$Y_n=\frac{R_nS_n^2+Y_{n-1}}{1+R_nY_{n-1}} \tag{4.2-4}$$

其中，n 为各结构层的编号；R、S、Y 分别为各层材料的热阻、蓄热系数、内表面蓄热系数。

3. 材料层的热惰性指标

热惰性指标是表征材料层或围护结构受到波动热作用后，背波面（若波动热作用在外侧，则指其内表面）上对温度波衰减快慢程度的无量纲指标，也就是材料层抵抗温度波动能力的特性指标，用 D 表示。它取决于材料层迎波面的抗波能力和波动作用传至背波面时所受到的阻力。热惰性指标 D 的值为：

$$D=R\cdot S \tag{4.2-5}$$

其中，R 为材料层的热阻，m²·K/W。

具有多层材料的非透明围护结构,其热惰性指标为各材料层的热惰性指标之和,可以表示为:

$$\sum D = R_1 \cdot S_1 + R_2 \cdot S_2 + \cdots + R_n \cdot S_n = D_1 + D_2 + \cdots + D_n \quad (4.2\text{-}6)$$

若非透明围护结构中某层是由几种材料组合时,结合式(4.2-5)和式(4.2-6)可得:

$$D = \overline{R} \cdot \overline{S} \quad (4.2\text{-}7)$$

非透明围护结构材料层的热惰性指标越高,说明温度波在其间的衰减越快,非透明围护结构的热稳定性越好。温度波的衰减与材料层的热惰性指标呈指数函数关系。

$$v_x = \frac{A_\theta}{A_x} = e^{\frac{D}{\sqrt{2}}} \quad (4.2\text{-}8)$$

其中,v_x 为温度波在 x 层处的衰减度(衰减倍数);A_x 为任意平面 x 处温度简谐波的振幅;A_θ 为温度简谐波的最大振幅。

4.2.2 温度波在非透明围护结构中的衰减和延迟

温度波在非透明围护结构中的传递过程中,由于材料的热容效应和热阻效应,会出现振幅衰减和相位延迟现象。如图4.2-1所示,若将一匀质实体的平壁结构划分为4个厚度相同的薄层,可以直观地理解热流如何从升温的外表面逐层传递至整个壁体内部的过程。进入每一层的热流使该层温度升高,而这部分热量储存在该层中,剩余的热量则传递至相邻较冷的层内。因此,随着热量向壁体内部的传递,每一层所受的热作用逐渐减弱,温度升高的幅度也逐层降低。由于壁体内部的热量储存效应,传递到最内层的热量较外层显著减少,因此最内层的温度升高幅度最小。当外表面温度达到最高值并开始下降时,各层也依次经历降温过程,出现温度递减的现象。由此可见,壁体的任一截面都会经历周期性的加热与冷却过程。内表面的温度波动幅度显著低于外表面,且内表面达到最高温度的时间滞后于外表面。内外表面温度振幅的比值与壁体的热物理性能及厚度密切相关。当壁体的厚度和比热容增大、材料导热系数降低时,内表面的温度波动幅度减小,达到最高温度的延迟时间也相应增加。

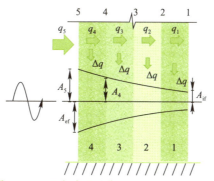

图4.2-1 温度波通过非透明围护结构的衰减

注:q_1 为通过第1材料层的传热量,W/m²;q_2 为通过第2材料层的传热量,W/m²;q_3 为通过第3材料层的传热量,W/m²;q_4 为通过第4材料层的传热量,W/m²;q_5 为室外向非透明围护结构传递总热量,W/m²;Δq 为每一材料层吸收的热量,W/m²;A_4 为第4材料层内侧温度波的振幅,℃;$A_5 = A_{ef}$ 为非透明围护结构外表面温度波的振幅,℃;A_{if} 为非透明围护结构内表面温度波的振幅,℃。

从室外空间到非透明围护结构内部，温度波动的相位逐渐向后推延，即 $\phi_e < \phi_{e-if} < \phi_{i-if}$（室外温度波动相位<非透明围护结构外表面温度波动相位<非透明围护结构内表面温度波动相位），这种现象称为温度波动的相位延迟，即出现最高温度的时刻向后推迟。若外部温度最大值 $t_{e,\max}$ 出现的时刻为 $\tau_{e,\max}$，非透明围护结构内表面最高温度 $\theta_{i,\max}$ 出现的时刻为 $\tau_{if,\max}$，两者之差称为温度波穿过非透明围护结构时的总延迟时间，用 ξ_0 表示，即：

$$\xi_0 = \tau_{if,\max} - \tau_{e,\max} \tag{4.2-9}$$

总的相位延迟 ϕ_0 为：

$$\phi_0 = \phi_{if} - \phi_e \tag{4.2-10}$$

其中，ϕ_{if} 为内表面温度波的初相位，°；ϕ_e 为室外温度波的初相位，°。

ξ_0 与 ϕ_0 之间存在如下的关系：

$$\xi_0 = \frac{Z}{360}\phi_0 \tag{4.2-11}$$

其中，Z 为温度波动的周期，h；ϕ_0 为总的相位延迟角，°。

温度波在围护结构内的振幅衰减倍数和相位延迟时间的精确计算是很复杂的，从满足工程设计需要出发，介绍满足实际精度要求的近似计算方法。

1. 室外温度波传至非透明围护结构内表面时的总衰减倍数和总延迟时间的计算

室外空气温度波传至非透明围护结构内表面，要经历外表面空气边界层和各层材料层的振幅衰减和时间延迟过程，其总衰减倍数 v_0 为：

$$v_0 = 0.9 e^{\frac{\sum D}{\sqrt{2}}} \cdot \frac{S_1 + h_i}{S_1 + Y_1} \cdot \frac{S_2 + Y_1}{S_2 + Y_2} \cdots \frac{S_n + Y_{n-1}}{S_n + Y_n} \cdot \frac{Y_n + h_e}{h_e} \tag{4.2-12}$$

其中，$\sum D$ 为非透明围护结构的热惰性指标，等于各材料层的热惰性指标之和；$Y_1, Y_2, \cdots, Y_n$ 为由内到外各材料层的外表面蓄热系数，W/(m²·K)；h_i、h_e 分别为非透明围护结构内、外表面换热系数，W/(m²·K)。空气间层取 $S=0$。

用式（4.2-12）计算时，要注意材料层的编号应由内向外（与温度波的前进方向相反），即邻接围护结构内表面的一层是第 1 层，而邻接外表面的一层为第 n 层。

温度波从室外空气传至非透明围护结构内表面的总延迟时间为：

$$\xi_0 = \frac{1}{15}\left(40.5\sum D + \arctan\frac{Y_{ef}}{Y_{ef} + h_e\sqrt{2}} - \arctan\frac{h_i}{h_i + Y_{if}\sqrt{2}}\right) \tag{4.2-13}$$

其中，Y_{ef} 为非透明围护结构外表面蓄热系数，W/(m²·K)；Y_{if} 为非透明围护结构内表面蓄热系数，W/(m²·K)。

根据前文介绍可知，由于建筑非透明围护结构具有一定的蓄热性能，室外温度波进入室内的时间有所延迟，且温度波幅也会有所衰减，两种现象分别为非透明围护结构对外扰的时间延迟与温度波幅衰减作用，用延迟时间 ξ_0 与衰减倍数 v_0 来量化该作用程度，两者均与材料层的热惰性指标 D 有关。一般来说，非透明围护结构热容量越高，其蓄热能力就越大，延迟时间就越长，波幅衰减就越大，因此，轻、重质非透明围护结构的延迟与衰减特性存在显著差异，如图 4.2-2 所示，由于重质非透明围护结构的蓄热能力比轻质非透明围护结构的蓄热能力大得多，因此，通过重质非透明围护结构的温度波衰减越大，且相位延迟时间越长。

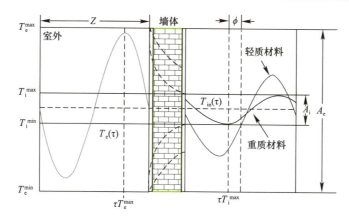

图 4.2-2　室外温度波通过轻、重质非透明围护结构的延迟与衰减

T_e^{max}—室外空气温度的最大值,℃；T_e^{min}—室外空气温度的最小值,℃；T_i^{max}—室内空气温度的最大值,℃；T_i^{min}—室内空气温度的最小值,℃；$\tau_{T_e^{max}}$—室外空气温度的最大值所对应的时刻；$\tau_{T_i^{max}}$—室内空气温度的最大值所对应的时刻；ϕ—相位延迟角,°；A_i—室外温度简谐波的最大振幅；A_e—室内温度简谐波的最大振幅；Z—温度波的波动周期,h；$T_e(\tau)$—τ 时刻的室外空气温度,℃；$T_{in}(\tau)$—τ 时刻的室内空气温度,℃。

2. 室内温度波传至非透明围护结构内表面时的衰减倍数和延迟时间的计算

室内空气温度波传到非透明围护结构内表面时，只经历一个内表面边界层的振幅衰减和时间延迟过程，其衰减倍数 υ_{if} 和延迟时间 ξ_i 按下列公式计算：

$$\upsilon_{if} = 0.95 \frac{h_i + Y_{if}}{h_i} \tag{4.2-14}$$

$$\xi_i = \frac{1}{15}\arctan\frac{Y_{if}}{Y_{if} + h_i\sqrt{2}} \tag{4.2-15}$$

以上各式中的反正切函数项均用度数（°）计。

4.2.3　非透明围护结构非稳态传热过程的数学表征

墙体、屋顶是典型的非透明围护结构，如果平面板壁的高（长）度和宽度是其厚度的 8～10 倍，按一维传热处理时计算误差不大于 1％，并且其传热过程受到室内外温度动态变化的影响，如图 4.2-3 所示。因此，墙体、屋顶等非透明围护结构的传热过程均可看作非均质板壁的一维非稳态导热过程，x 为板壁厚度方向的坐标，则描述其热平衡的导热微分方程可表示如下：

$$\frac{\partial t}{\partial \tau} = a\frac{\partial^2 t}{\partial x^2} \quad (0 < x < \delta,\ \tau > 0) \tag{4.2-16}$$

其中，a 为非透明围护结构的热扩散系数，m^2/s；δ 为非透明围护结构的厚度，m。
初始条件：

$$\tau = 0,\quad t = t_0 \quad (0 \leqslant x \leqslant \delta) \tag{4.2-17}$$

非透明围护结构在室外太阳辐射和室内外空气温度的综合作用下，其非稳态传热过程可拆分为 3 个部分，即太阳辐射变化、室外空气温度变化和室内空气温度变化分别对非透明围护结构的热作用，其区别主要体现在非透明围护结构内外表面的边界条件上（图 4.2-3）。

1. 仅考虑太阳辐射变化对围护结构的热作用

一天之中,太阳的高度和方位角不断发生变化使其作用在非透明围护结构外表面的日照时间和强度也随之改变,导致非透明围护结构的传热过程呈现动态变化。一般来说,太阳辐射在一天中的小时变化可近似简化为一个阶跃波,且出现周期性日波动,如图 4.2-4 所示。

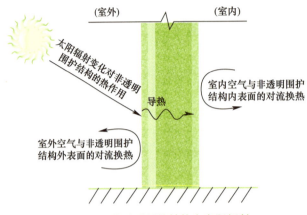

图 4.2-3 非透明围护结构在太阳辐射、室内外空气温度综合作用下的传热路径

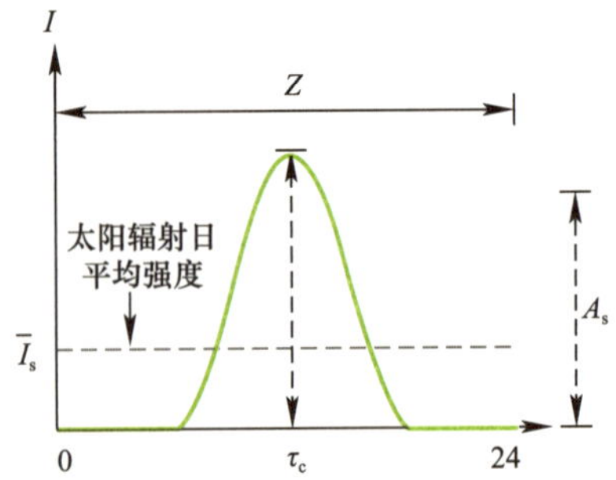

图 4.2-4 太阳辐射强度的日周期性变化

太阳辐射总强度 I 可表示为:

$$I = I_0 + \frac{A_s}{1 + A_1 \left(2\frac{\tau - \tau_c}{w}\right)^2 + A_2 \left(2\frac{\tau - \tau_c}{w}\right)^6} \tag{4.2-18}$$

其中,I_0 为太阳辐射拟合常数,W/m^2;A_s 为太阳辐射最大幅度,W/m^2;A_1、A_2 为常数;w 为 $I_{max}/2$ 对应的辐射波波宽,h,I_{max} 为最高瞬时太阳辐射量;τ_c 为太阳辐射强度最强时对应的时间,h;τ 为时间,h。

各朝向非透明围护结构表面接收的太阳辐射总强度为太阳直射辐射强度和太阳散射辐射强度的总和。

$$I = I_D + I_d \tag{4.2-19}$$

其中,I_D 为太阳直射辐射强度,W/m^2;I_d 为太阳散射辐射强度,W/m^2。

按式 (4.1-13) 即可求解得到太阳辐射当量温度 $t_s(\tau)$。

如果定义横坐标 $x=0$ 为非透明围护结构外侧,$x=\delta$ 为非透明围护结构内侧,若仅考虑太阳辐射变化对非透明围护结构传热的影响时,非透明围护结构外表面为第三类边界条件,通过壁体的导热量等于外表面温度与太阳辐射当量温度之差的对流换热量,可给出边界条件:

(1) 当 $x=0$,$\tau>0$ 时:

室外侧边界条件可表示为:

$$-\lambda \frac{\partial t}{\partial x}\bigg|_{x=0} = h_o[t_s(\tau) - t(0,\tau)] \tag{4.2-20}$$

其中,λ 为非透明围护结构材料层的导热系数,$W/(m·K)$。

(2) 当 $x=\delta$,$\tau>0$ 时:

对于非透明围护结构内壁面,通过壁体的导热量等于内表面与室内空气之间的对流换热量、其他非透明围护结构内表面以及室内其他内热源的辐射换热量之和。若仅考虑内壁面对室内空气的对流换热量，且假定室内温度不随时间变化（t_i 可以视为常数），室内侧边界条件可表示为：

$$-\lambda \frac{\partial t}{\partial x}\bigg|_{x=\delta} = h_i(t(\delta,\tau) - t_i) \tag{4.2-21}$$

其中，h_i 为非透明围护结构内壁面的对流换热系数，W/(m²·K)；t_i 为室内设计温度，℃。

2. 仅考虑室外空气温度变化对非透明围护结构的热作用

与太阳辐射变化类似，室外空气温度在一天中也会产生周期性变化，其主要源于地球自转和其轨道运动导致的日照变化。白天，太阳直射地面导致地表升温，对流换热加强，从而引起空气的温度升高，夜晚反之。如图 4.2-5 所示，即室外空气温度随时间的变化规律可以表示为正弦函数或者余弦函数，如式（4.2-22）所示。事实上，建筑非透明围护结构所受到的周期热作用，并不是随时间的余弦（或正弦）函数规则地变化。实测资料表明，在分析计算精度要求不高的情况下，综合温度的周期性波动规律可视为简单的简谐波曲线，取实际温度的最高值与平均值之差作为振幅，并根据实际温度出现最高值的时间确定其初相位角。若计算精度要求较高时，可用傅里叶级数展开，通过谐量分析把周期性的热作用变换成若干阶谐量的组合。由于各种周期性变化热作用，均可变换成谐波热作用的组合，所以通过研究谐波热作用下的导热过程，即能反映建筑非透明围护结构在周期热作用下的导热特性。

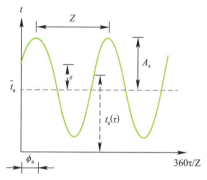

图 4.2-5　室外空气温度的周期性波动

室外空气温度的周期性变化可表示为：

$$t_a(\tau) = \bar{t}_a + A_a \cos\left(\frac{360\tau}{Z} - \phi_a\right) \tag{4.2-22}$$

其中，$t_a(\tau)$ 为 τ 时刻的室外空气温度，℃；$\bar{t}_a$ 为在一个周期内的平均室外空气温度，℃；A_a 为温度波的振幅，℃；τ 为以某一指定时刻起计算的时间，h；Z 为温度波的波动周期，h；ϕ_a 为室外空气温度波动的初相位，°。

仅考虑室外空气温度变化对非透明围护结构外表面的热作用时，可近似为第三类边界条件，不考虑室内侧空气温度的变化（t_i 近似为常数），则非透明围护结构内外表面边界条件可表示如下：

（1）当 $x=0$，$\tau>0$ 时：

室外侧边界条件可表示为：

$$-\lambda \frac{\partial t}{\partial x}\bigg|_{x=0} = h_o[t_a(\tau) - t(0,\tau)] \tag{4.2-23}$$

（2）当 $x=\delta$，$\tau>0$ 时：

室内侧边界条件不变，如式（4.2-21）所示。

3. 综合考虑太阳辐射和室外温度对非透明围护结构的热作用

实际上，非透明围护结构外表面换热过程同时受太阳辐射和室外空气温度的双重波动影响，如图 4.2-6 所示，为了计算方便，把太阳辐射当量温度 $t_s(\tau)$ 和室外空气温度 $t_a(\tau)$ 两者结合起来，即为室外空气综合温度 $t_z(\tau)$，如 4.1.2 节所述。

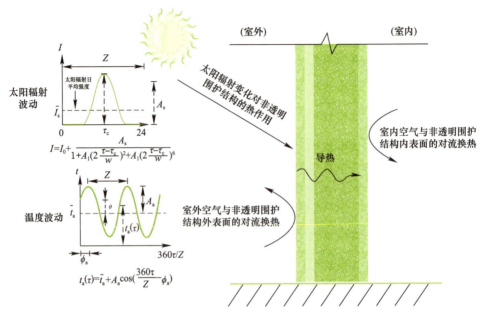

图 4.2-6　太阳辐射和室外温度综合作用下的非透明围护结构传热过程

(1) 当 $x=0$，$\tau>0$ 时：

综合考虑太阳辐射和室外空气温度双波动条件对非透明围护结构外表面传热的影响时，室外侧边界条件可表示为：

$$-\lambda \left.\frac{\partial t}{\partial x}\right|_{x=0} = h_o[t_z(\tau) - t(0,\tau)] \tag{4.2-24}$$

(2) 当 $x=\delta$，$\tau>0$ 时：

室内侧边界条件不变，如式 (4.2-21) 所示。

4. 室内外双向温度波动的非透明围护结构内部非稳态传热过程

建筑非透明围护结构的传热过程和强度会受到室外和室内两侧空气"双向温度波动"的影响，一般情况下，室外侧空气温度会随时间出现较为规律的日波动变化，而室内侧空气温度波动主要受供暖通风系统、室外气象条件、人员活动以及建筑非透明围护结构热性能等因素综合影响。因此，室内外双向温度波动的非透明围护结构内部非稳态传热过程更为复杂，所涉及的工程实际问题也更具有普遍性。

针对不同应用场景，可以将室内空气温度变化特性划分为 3 类：第一类为建筑连续供暖（供冷）工况，此时室内空气温度波动较小，可视为定值；第二类为建筑间歇供暖（供冷）工况，室内温度呈现分段函数变化趋势；第三类为自然条件下的室内空气温度波动，可视为简谐波。因此，非透明围护结构的非稳态传热过程受室外侧太阳辐射从室外空气温度波动，以及室内侧空气温度的双向综合影响，如图 4.2-7 所示。

工况 1：连续供暖（供冷）条件下，室内温度随时间变化如式 (4.2-25) 所示（C 为常数）：

$$t_i = C \tag{4.2-25}$$

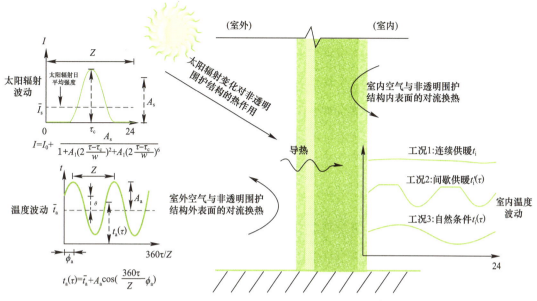

图 4.2-7 不同应用场景下室内空气温度的变化

假设此时室外受到太阳辐射和室外温度双重波动的热作用，外墙表面为第三类边界条件，通过壁体的导热量等于外表面对室外的对流换热量，可给出边界条件：

(1) 当 $x=0$，$\tau>0$ 时：

室外侧边界条件如式（4.2-24）所示。

(2) 当 $x=\delta$，$\tau>0$ 时：

在连续供暖（供冷）条件下，室内侧边界条件 $t_i=C$，如式（4.2-21）所示。

工况 2：间歇供暖（供冷）条件下，室内温度 $t'_i(\tau)$ 随时间呈分段函数的变化规律，如式（4.2-26）所示。

$$t_i(\tau)' = \begin{cases} C_1 & (\tau_0 \leqslant \tau \leqslant \tau_1) \\ C_2 & (\tau_1 < \tau \leqslant \tau_2) \\ C_n & (\tau_{n-1} < \tau \leqslant \tau_n) \end{cases} \quad (4.2\text{-}26)$$

假设此时室外受到太阳辐射和室外温度双重波动的热作用，可给出边界条件：

1) 当 $x=0$，$\tau>0$ 时：

室外侧边界条件如式（4.2-21）所示。

2) 当 $x=\delta$，$\tau>0$ 时：

在间歇供暖（供冷）条件下，考虑室内空气波动条件下对围护结构内表面传热的影响时，室内侧边界条件可表示为：

$$-\lambda \frac{\partial t}{\partial x}\bigg|_{x=\delta} = h_i [t(\delta,\tau) - t_i(\tau)'] \quad (4.2\text{-}27)$$

需要注意的是，在间歇供暖或者制冷时，非透明围护结构内部的传热过程在某些时刻不再是单向传递的过程，有可能出现双向传递的过程，即室内和室外空气两者均向非透明围护结构传热。例如夏季采取间歇制冷时，当关闭室内空调，室内温度逐渐升高，由于墙体具有良好的热惰性，墙体的温度仍保持在较低状态，此时墙体便会受到室内外空气的双向热传递作用。

工况3：自然温度条件下，室内温度 $t_i(\tau)$ 随时间呈正弦或余弦函数的变化规律，如式（4.2-28）所示。

$$t_i(\tau) = \bar{t}_i + A_i \cos\left(\frac{360\tau}{Z} - \phi_i\right) \quad (4.2\text{-}28)$$

其中，$t_i(\tau)$ 为 τ 时刻的室内温度，℃；$\bar{t}_i$ 为在一个周期内的平均室内温度，℃；A_i 为温度波的振幅，℃；ϕ_i 为室内空气温度波动的初相位，°。

假设此时室外受到太阳辐射和室外温度双重波动的热作用，可给出边界条件：
1) 当 $x=0$，$\tau>0$ 时：
室外侧边界条件如式（4.2-24）所示。
2) 当 $x=\delta$，$\tau>0$ 时：
在自然温度条件下，考虑室内空气波动条件下对非透明围护结构内表面传热的影响时，室内侧边界条件可表示为：

$$-\lambda \left.\frac{\partial t}{\partial x}\right|_{x=\delta} = h_i[t(\delta, \tau) - t_i(\tau)] \quad (4.2\text{-}29)$$

4.3 非透明围护结构非平衡保温

以冬季供暖为例，同一时刻，建筑各朝向外墙表面接收到的太阳辐射热量不同，若各朝向墙体传热系数相同，则会造成南向外墙内表面温度较高，而北向外墙内表面温度较低，导致南、北向房间室内温度出现较大的差异性，甚至造成南向房间过热，而北向房间室内温度不达标的问题，如图 4.3-1 所示。尤其对于太阳能富集地区，该现象会更加明显。因此，建筑不同朝向外墙采用等传热系数，也就是各朝向平衡保温的做法不利于太阳能热利用。所以，为了充分合理利用太阳辐射对建筑的热作用，提出建筑非透明围护结构"等热流"热工设计原理。

图 4.3-1　各朝向非透明围护结构太阳辐射得热量差异性

4.3.1　等热流热工设计原理

等热流热工设计原理是以各个朝向非透明围护结构的失热热流相等为依据，计算确定各朝向非透明围护结构热工性能指标的设计方法，即：

$$q_E = q_W = q_S = q_N \quad (4.3-1)$$

其中，q_E、q_W、q_S、q_N 分别为东、西、南、北朝向外墙的热流密度值，W/m^2。

以供暖季平均室外空气综合温度表达外墙热流密度值，式（4.3-1）可表示为：

$$K_{dE}(t_n - \bar{t}_{ZE}) = K_{dW}(t_n - \bar{t}_{ZW}) = K_{dS}(t_n - \bar{t}_{ZS}) = K_{dN}(t_n - \bar{t}_{ZN}) \quad (4.3-2)$$

其中，K_{dE}、K_{dW}、K_{dS}、K_{dN} 分别为东、西、南、向墙体传热系数，$W/(m^2 \cdot K)$；$\bar{t}_{ZE}$、$\bar{t}_{ZW}$、$\bar{t}_{ZS}$、$\bar{t}_{ZN}$ 分别为东、西、南、向供暖季平均室外空气综合温度，℃。

若以北向墙体的传热系数为基准，其他朝向的墙体传热系数可表示为：

$$K_{dE} = \frac{(t_n - \bar{t}_{ZN})}{(t_n - \bar{t}_{ZE})} K_{dN}; \quad K_{dW} = \frac{(t_n - \bar{t}_{ZN})}{(t_n - \bar{t}_{ZW})} K_{dN}; \quad K_{dS} = \frac{(t_n - \bar{t}_{ZN})}{(t_n - \bar{t}_{ZS})} K_{dN} \quad (4.3-3)$$

将式（4.3-3）写成：

$$K_{dE} = \varepsilon_{EN} K_{dN}; \quad K_{dW} = \varepsilon_{WN} K_{dN}; \quad K_{dS} = \varepsilon_{SN} K_{dN} \quad (4.3-4)$$

定义 ε_{EN}、ε_{WN}、ε_{SN} 为等热流保温体系不同朝向外墙传热系数的比例系数，对比式（4.3-3）与式（4.3-4）可以看出，在室内设计温度一定的情况下，不同朝向外墙传热系数的比例关系完全由对应朝向供暖季平均室外空气综合温度值确定。

集中供暖区的建筑，尤其是在太阳能资源富集地区，不同朝向室外综合温度是随着太阳辐射的不同而不同的，当室内计算温度相同时，各个朝向的墙体失热量是不相同的。

室外空气综合温度反映了空气温度和太阳辐射当量温度的综合作用，由于太阳辐射强度具有地域性、朝向差异性、周期性和随机性等特点，室外空气综合温度在不同地区、不同朝向存在差异性。不同地区供暖季太阳辐照强度和室外空气综合温度平均值如表 4.3-1 所示。

不同地区供暖季太阳辐照强度和室外空气综合温度平均值　　　　表 4.3-1

城市（热工分区）	太阳辐射强度（MJ/m^2）	$\bar{t}_{ZE}$	$\bar{t}_{ZS}$	$\bar{t}_{ZW}$	$\bar{t}_{ZN}$
哈尔滨（严寒B区）	5002	−10	−8.2	−10	−11
北京（寒冷B区）	5013	−0.8	1.9	−0.8	−2
西安（寒冷B区）	4508	−0.1	1.5	1.5	−0.3
西宁（严寒C区）	5634	−2.2	0.1	−2.1	−3.7
拉萨（寒冷A区）	7655	2.5	6.3	2.4	−0.3

4.3.2 非透明围护结构非平衡保温技术应用

在太阳能资源富集地区，各朝向外墙接收到的太阳辐射热量差异性使得太阳辐射当量温度相差很大，导致各朝向外墙室内外计算温差不同，因此，当考虑太阳辐射对建筑的热作用时，按照等热流热工设计原则进行保温设计时，各朝向外墙的传热系数限值是不同的，相比于无朝向差别的平衡保温形式，可以称之为非平衡保温。

非平衡保温适用于太阳能富集地区。对其他地区而言，供暖季太阳辐射相对较小，太阳辐射当量温度小，各朝向室外空气综合温度差值不大，如果也进行非平衡保温设计，得到的各朝向外墙传热系数限值差别很小，甚至对太阳能资源三类以下的地区而言，这种差别在工程领域是可以忽略的。

以拉萨市某四层单元式住宅为例,对其各朝向外墙分别进行平衡保温设计(1号模型)和非平衡保温设计(2号模型)分析。两个模型采用相同的平面布局,如图4.3-2所示。

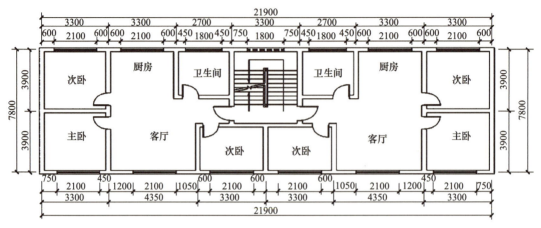

图4.3-2 拉萨市某四层单元式住宅平面布局

建筑进深7.8m,开间21.9m,共4层,层高3m,窗高2m。建筑朝向为正南正北,一梯两户。供暖季室内设计温度为18℃。按照等热流热工设计原理计算得到的不同朝向外墙的传热系数限值如表4.3-2所示。南墙传热系数最大,北墙传热系数最小,东、西墙介于南、北墙之间,即传热系数限值为:南墙:≤1.41W/(m²·K),东、西墙:≤1.05W/(m²·K),北墙:≤0.9W/(m²·K)。

不同朝向外墙的传热系数限值　　　　　　　　　　　　　　　　表4.3-2

参数	南向	东向	西向	北向
传热系数限值[W/(m²·K)]	1.41	1.05	1.0	0.9

以灰砂砖砌块加膨胀聚苯保温板的围护结构构造方法,按表4.3-3的传热系数限值进行平衡保温和非平衡保温墙体构造设计,可得两组模型的用于外墙构造的墙体材料具体构造形式。

两组模型用于外墙构造的墙体材料具体构造形式　　　　　　　　表4.3-3

墙体	墙体材料 (由内向外)	导热系数 [W/(m·K)]	热阻 (m²·K/W)	传热系数 [W/(m²·K)]
1号模型外墙	15mm厚水泥砂浆	0.93	0.016	0.87
	240mm厚灰砂砖砌块	12.72	0.019	
	40mm厚膨胀聚苯板保温层	0.042	0.952	
	15mm厚水泥砂浆	0.93	0.016	
2号模型南墙	15mm厚水泥砂浆	0.93	0.016	1.152
	240mm厚灰砂砖砌块	12.72	0.019	
	28mm厚膨胀聚苯板保温层	0.042	0.667	
	15mm厚水泥砂浆	0.93	0.016	

续表

墙体	墙体材料 (由内向外)	导热系数 [W/(m·K)]	热阻 (m²·K/W)	传热系数 [W/(m²·K)]
2号模型北墙	15mm 厚水泥砂浆	0.93	0.016	0.87
	240mm 厚灰砂砖砌块	12.72	0.019	
	40mm 厚膨胀聚苯板保温层	0.042	0.952	
	15mm 厚水泥砂浆	0.93	0.016	
2号模型东墙	15mm 厚水泥砂浆	0.93	0.016	0.989
	240mm 厚灰砂砖砌块	12.72	0.019	
	34mm 厚膨胀聚苯板保温层	0.042	0.810	
	15mm 厚水泥砂浆	0.93	0.016	
2号模型西墙	15mm 厚水泥砂浆	0.93	0.016	0.967
	240mm 厚灰砂砖砌块	12.72	0.019	
	35mm 厚膨胀聚苯板保温层	0.042	0.833	
	15mm 厚水泥砂浆	0.93	0.016	

由表 4.3-3 可知，在满足标准保温要求的前提下，非平衡保温设计使得南向和东、西向外墙的保温层厚度均小于平衡保温设计下的保温层厚度，相当于在标准规范节能限值的基础上保持北墙保温不变，而一定程度上削弱了东、西墙保温，很大程度上削弱了南墙的保温，有利于更多的太阳辐射热量进入室内。

4.4 本章小结

太阳辐射对非透明围护结构外表面的热作用与太阳辐射强度和表面材料性质有关。由于各朝向非透明围护结构外表面接收到的太阳辐射具有强度上和时间上的差异性，所以通常以太阳辐射当量温度来量化太阳辐射对建筑物的热作用，也就提出了室外空气综合温度的概念，相当于室外空气温度增加了一个太阳辐射当量温度。实际上，非透明围护结构传热主要是受室内外空气温度及太阳辐射变化综合影响下的非稳态过程，在材料比热容和材料层热阻的作用下，温度波在非透明建筑围护结构中的传递会出现振幅衰减和相位延迟现象。考虑到太阳辐射对建筑各朝向得热的差异性，以各个朝向非透明围护结构的失热热流相等为依据，提出了等热流热工设计原理，基于此，非透明围护结构非平衡保温设计为合理利用太阳能提供了依据，尤其对于太阳资源富集地区，该设计方法对建筑本体节能水平的提升具有重要促进作用。

第5章 透明围护结构太阳辐射传热过程

建筑透明围护结构通常包括玻璃门、窗、玻璃采光顶等,主要是由玻璃材料、金属框架、密封材料及辅助构件组成的建筑非承重外围护结构。作为建筑围护结构中薄壁、透明、轻质的构件,使用者可以通过该透明结构部分与外界进行视线沟通和欣赏室外环境,且该结构可操控的围护性能还保证了室外与室内空间的隔绝或交流。然而,透明围护结构的热阻往往低于实体墙,如实体墙传热系数很容易达到 0.8W/(m²·K) 以下,但普通单层玻璃窗的传热系数高于 5W/(m²·K),双层中空玻璃窗的传热系数也只能达到 3W/(m²·K) 左右。所以透明围护结构往往是建筑保温中最薄弱的一环,在设计时需要综合考虑其性能指标。本章概述透明围护结构对太阳辐射的透射、传热特性及传热量计算方法,并介绍其热利用与节能技术以优化热性能。

5.1 太阳能透过透明围护结构的传热机制

建筑透明围护结构与太阳能热利用紧密相连,作为建筑与外界环境交互的关键界面,透明围护结构不仅优化了室内采光,还作为太阳能收集的重要界面,将自然光转化为热能或电能。对建筑室内热环境来说,透过透明围护结构直接射入室内的辐射热是一项十分重要的外扰,对房间温度状况有着显著的影响。在寒冷季节,太阳辐射提供了免费的热源,而在气温较高的季节,又需应对其对房间温度带来的不利影响。因此,掌握太阳辐射透过透明围护结构的热量传递机制,对合理利用或控制太阳辐射尤为重要。

5.1.1 太阳光的吸收、反射和透射

如图 5.1-1 所示,辐射热量 Q_{te} 投射到物体表面上时,其中一部分 Q_ρ 被物体表面反射;一部分 Q_α 在进入物体表面以后被物体吸收;其余部分 Q_τ 则透过物体。

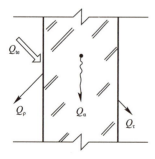

图 5.1-1 辐射热量透过物体示意

根据能量守恒定律:

$$Q_{te}=Q_\rho+Q_\alpha+Q_\tau$$

或

$$\frac{Q_\tau}{Q_{te}}+\frac{Q_\alpha}{Q_{te}}+\frac{Q_\rho}{Q_{te}}=1 \tag{5.1-1}$$

即

$$\rho+\alpha+\tau=1$$

其中,各部分能量之比 $\dfrac{Q_\rho}{Q_{te}}$、$\dfrac{Q_\alpha}{Q_{te}}$、$\dfrac{Q_\tau}{Q_{te}}$ 称为反射率、吸收率和透射率,分别用符号 ρ、α、τ 表示。

全透明体 $\tau=1$，白体 $\rho=1$，黑体 $\alpha=1$。这些绝对材料几乎不存在，实际常用的工程材料大多为半透明体和不透明体。如玻璃等属于半透明体，其反射率、吸收率和透射率都介于 0~1 之间。其他一些材料，如金属、砖石等，则属于不透明体，这是因为透入这些材料的辐射能会在很短距离（小于 1mm）内就全部被吸收、转化为热能，使物体温度上升。

但应注意，对一般物体来说，在不同波长的射线辐射下，其反射率、吸收率和透射率并非常数。如玻璃，对太阳光射线的中短波辐射来说，它是个半透明体，而对长波热辐射来说，其则几乎是不透明体。

1. 射线在空气—半透明薄层界面上的反射百分比

如图 5.1-2 所示，AB 为空气—半透明薄层两种不同介质的分界面，当波长为 λ 的射线 I_λ，以入射角 i_1 投射到分界面时，一部分被反射，其强度为 $I_{\rho\lambda}$；另一部分则透过，其强度为 $I_{\tau\lambda}$。

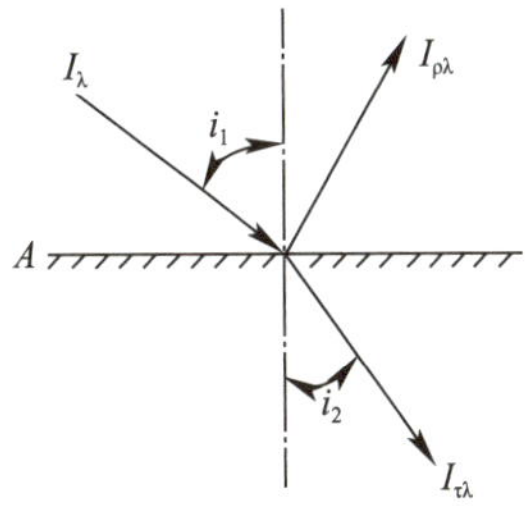

根据菲涅尔定律得知，分界面对波长为 λ 的射线，其反射百分比 e_λ 与入射角 i_1 和折射角 i_2 有关，可用以下公式计算：

图 5.1-2 不同介质对辐射的反射和折射

$$e_\lambda = \frac{I_{\rho\lambda}}{I_\lambda} = \frac{1}{2}\left[\frac{\sin^2(i_2-i_1)}{\sin^2(i_2+i_1)} + \frac{\tan^2(i_2-i_1)}{\tan^2(i_2+i_1)}\right] \quad (5.1\text{-}2)$$

其中 i_1 为入射角，°；i_2 为折射角，°。

入射角与折射角之间的关系，取决于两种介质的性质，可用以下公式表示：

$$\frac{\sin i_2}{\sin i_1} = \frac{n_1}{n_2} \quad (5.1\text{-}3)$$

其中，n_1、n_2 分别为介质 1、介质 2 的折射指数。空气的折射指数等于 1；在太阳光谱范围内，玻璃的平均折射指数为 1.526。因此，根据式（5.1-2）和式（5.1-3）即可求出射线以不同入射角照射到玻璃表面时，在分界面处的反射百分比。

但当射线以法线方向入射（即 $i_1=i_2=0$）时，则应采用由式（5.1-2）与式（5.1-3）联立导出的式（5.1-4）进行计算：

$$e_{\lambda(0)} = \left(\frac{n_1-n_2}{n_1+n_2}\right)^2 \quad (5.1\text{-}4)$$

其中，$e_{\lambda(0)}$ 为波长为 λ 的射线法向入射时的反射百分比。

2. 射线通过半透明薄层的吸收百分比

半透明薄层对太阳辐射的吸收现象与大气层对太阳辐射的吸收规律相同，即不同波长的射线按指数关系衰减，其公式为：

$$dI_{\tau\lambda} = -K_\lambda I_{0\lambda} dx$$

求解可得：

$$I_{\tau\lambda} = I_{0\lambda}\exp(-K_\lambda \cdot L) \quad (5.1\text{-}5)$$

其中，$I_{\lambda\tau}$ 为经过半透明薄层后，波长为 λ 的射线的强度；$I_{0\lambda}$ 为进入半透明薄层时，波长为 λ 的射线扣除反射后的强度；L 为射线透过半透明薄层时的路程长度，如图 5.1-3 所示，它与折射角有关，即 $L = \dfrac{d}{\cos i_z}$；d 为半透明薄层的厚度，mm；K_λ 为消光系数，mm^{-1}，其值与半透明薄层的材料物性和射线的波长有关。

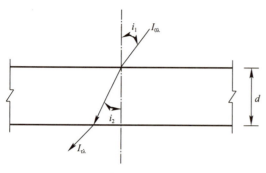

图 5.1-3 射线透过半透明薄层

辐射强度被吸收的百分比为：

$$\alpha_\lambda = 1 - \frac{I_{\tau\lambda}}{I_{0\lambda}} = 1 - \exp(-K_\lambda \cdot L)$$

(5.1-6)

但对于玻璃来说，当射线波长大于 $3\mu m$ 时，K_λ 值将变得很大，所以可以近似认为玻璃对热射线是不透明的；而对太阳光的主要波长范围，其消光系数约等于一个定值 K，如水白玻璃的消光系数 $K \leqslant 0.015$，普通窗玻璃的消光系数 $K \approx 0.045$。

太阳辐射透过玻璃薄层时，其辐射强度被吸收的百分比可简化为式（5.1-7）进行计算：

$$\alpha = 1 - \exp(-K \cdot L)$$

(5.1-7)

3. 半透明薄层的反射、吸收和透过

由于玻璃对辐射有一定的阻隔作用，因此不是完全的透明体。太阳光照射到的两侧均为空气的半透明薄层时，例如单层玻璃窗，射线要通过两个分界面才能从一侧透射到另一侧。如图 5.1-4 所示，太阳光首先从空气入射进入玻璃薄层，即通过第一个分界面。此时，如果用 r 代表空气—半透明薄层界面的反射百分比，α_0 代表射线单程通过半透明薄层的吸收百分比，由于分界面的反射作用，只有 $(1-r)$ 的辐射能进入半透明薄层。经半透明薄层的吸收作用，有 $(1-r)(1-\alpha_0)$ 的辐射能可抵达第二个分界面（射线在这里要从玻璃再透射至另一侧空气的分界面）。由于第二界面的反射作用，只有 $(1-r)^2(1-\alpha_0)$ 的辐射能可以透过玻璃进入另一侧的空气，其余 $(1-r)(1-\alpha_0)r\alpha_0$ 的辐射能又被反射回去，再经玻璃吸收后抵达第一界面，如此反复。

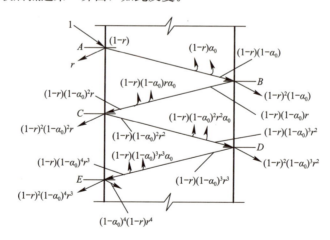

图 5.1-4 单层半透明薄层中光的行程

注：A、C、E 为空气-玻璃薄层第一分界面；B、D 为玻璃-薄层第二分界面。

因此，太阳光照射到半透明薄层时，半透明薄层对于太阳辐射的总吸收率、总反射率和总透射率，是太阳光在半透明薄层内反复进行反射、吸收和透过的各个组成部分的无穷多项之和。

半透明薄层的总吸收率为：

$$\alpha = \alpha_0(1-r)[1+r(1-\alpha_0)+r^2(1-\alpha_0)^2+\cdots] = \frac{\alpha_0(1-r)}{1-r(1-\alpha_0)} \quad (5.1-8)$$

半透明薄层的总反射率为：

$$\rho = r\{1+(1-\alpha_0)^2(1-r)^2[1+(1-\alpha_0)^2r^2+\cdots]\} = r\left[1+\frac{(1-\alpha_0)^2(1-r)^2}{1-r^2(1-\alpha_0)^2}\right] \quad (5.1-9)$$

半透明薄层的总透射率为：

$$\tau = (1-\alpha_0)(1-r)^2[1+r^2(1-\alpha_0)^2+\cdots] = \frac{(1-r)^2(1-\alpha_0)}{1-r^2(1-\alpha_0)^2} \quad (5.1-10)$$

同理，太阳光照射到双层半透明薄层时，如图5.1-5所示，其总透射率、总反射率和各层的吸收率也可用类似方法求得。

双层半透明薄层的总透射率为：

$$\tau_0 = \tau_1\tau_2 + \tau_1\tau_2\rho_1\rho_2 + \tau_1\tau_2\rho_1^2\rho_2^2 + \cdots = \frac{\tau_1\tau_2}{\rho_1\rho_2} \quad (5.1-11)$$

双层半透明薄层的总反射率为：

$$\rho_0 = \rho_1 + \frac{\tau_1^2\rho_2}{\rho_1\rho_2} \quad (5.1-12)$$

第一层半透明薄层的总吸收率为：

$$\alpha_{c1} = \alpha_1\left(1+\frac{\tau_1\rho_2}{\rho_1\rho_2}\right) \quad (5.1-13)$$

第二层半透明薄层的总吸收率为：

$$\alpha_{c2} = \frac{\tau_1\alpha_2}{1-\rho_1\rho_2} \quad (5.1-14)$$

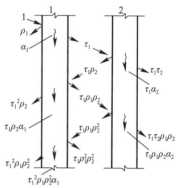

图 5.1-5 双层半透明薄层中光的行程

其中，τ_1、τ_2分别为第一、二层半透明薄层的透射率；ρ_1、ρ_2分别为两层的反射率；α_1、α_2分别为两层的吸收率。

随着入射角的不同，空气—半透明薄层界面的反射百分比r不同，射线单程通过半透明薄层的吸收百分比α_0也不同，从而导致半透明薄层的吸收率、反射率和透射率都随着入射角改变。图5.1-6为3mm厚普通窗玻璃对太阳光的吸收率、反射率和透射率与入射角之间的关系曲线。由图5.1-6可见，当太阳光入射角大于60°时，透射率会急剧减少。

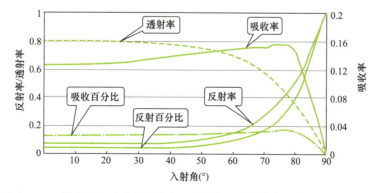

图 5.1-6 3mm厚普通窗玻璃的吸收率、反射率和透射率与入射角之间的关系曲线

5.1.2 透明围护结构对太阳辐射的选择性透过

玻璃的透明性使其成为建筑引入太阳辐射的重要部分。太阳光谱主要由 $0.2\sim3.0\,\mu m$ 的波长区域组成,包括紫外线、可见光、近红外线三个区域。太阳光谱的峰值位于 $0.5\,\mu m$ 附近,波长为 $0.3\sim0.4\,\mu m$ 的紫外线到达地面的太阳辐射能量比例很小,可见光和近红外线占太阳辐射能量的主要部分。太阳光辐射能量波长分布如图 5.1-7 所示。

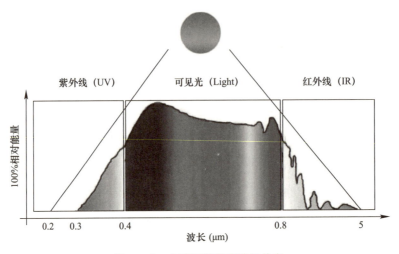

图 5.1-7 太阳辐射能量波长分布

玻璃对不同波长的太阳辐射有选择性,其透射率与入射波长的关系见图 5.1-8(a),即普通玻璃对于可见光和波长为 $3\,\mu m$ 以下的近红外线来说几乎是透明的,但却能够有效地阻隔长波红外线辐射。因此,当太阳直射到普通玻璃窗上时,绝大部分的可见光和短波红外线将会透过玻璃,只有长波红外线(也称作长波辐射)会被玻璃反射和吸收,但这部分能量在太阳辐射中所占的比例很少。从另一方面说,玻璃能够有效地阻隔室内向室外发射的长波辐射,因此具有温室效应。

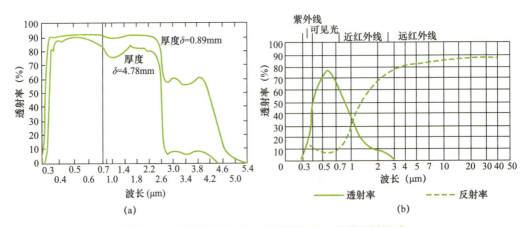

图 5.1-8 普通玻璃与 Low-E 玻璃的太阳辐射透射性质
(a) 普通玻璃的光谱透射率;(b) 一层普通玻璃和一层 Low-E 玻璃的光谱透射率

1. 普通玻璃与 Low-E 玻璃的光谱选择性

将具有低红外发射率、高红外反射率的金属（铝、铜、银、锡等）采用真空沉积技术，在普通玻璃表面沉积一层极薄的金属涂层，这样就制成了低辐射玻璃，也称作 Low-E 玻璃。这种玻璃外表面看上去是无色的，有良好的透光性能，可见光透射率可以保持在 70%～80%。但它具有较低的长波红外线发射率和吸收率，反射率很高。普通玻璃的长波红外线发射率和吸收率为 0.84，而 Low-E 玻璃对长波红外线的发射率和吸收率可低达 0.1。尽管 Low-E 玻璃和普通玻璃对长波辐射的透射率都很低，但与普通玻璃不同的是：Low-E 玻璃对波长为 0.76～3μm 的近红外线辐射的透射率比普通玻璃低得多，见图 5.1-8。依据对太阳辐射的透射率不同，可分为高透和低透两种不同性能的 Low-E 玻璃。高透 Low-E 玻璃对近红外线的透射率比较高；低透 Low-E 玻璃对近红外线的透射率比较低，对可见光也有一定的影响。

2. 热致变色调光玻璃的光谱选择性

热致变色调光玻璃是一种智能化的建筑材料，可随温度的不同自动改变光线透射的比例，实现遮阳隔热和智能调光的效果。这种玻璃中含有特殊的热致变色材料，这些材料通常是特定类型的高分子或涂层，具有独特的化学结构，能够感应温度的变化并发生物理或化学变化，从而改变玻璃的颜色和透光率。图 5.1-9 为常温雾化热致调光玻璃、常温透明热致调光玻璃在 25℃环境温度下的光谱透射率情况。可以看出，热致调光夹层玻璃对不同波长的光是选择性透过的，透射现象主要集中在波长为 320～1420nm 的可见光和一部分近红外光波段，其他波段透射率很低。温度越高，热致调光玻璃的可见光透射率、太阳光透射率和紫外线透射率都降低，雾度逐步增加。可以利用这个特性，将热致调光玻璃应用在建筑门、窗或采光顶，以达到遮阳节能的目的。

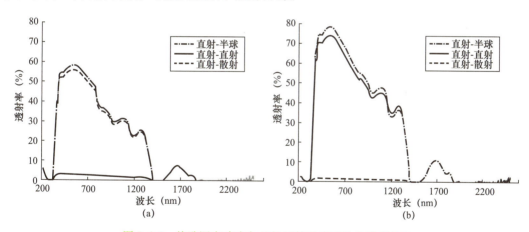

图 5.1-9　热致调光玻璃在 25℃环境温度下的光谱透射率
(a) 常温雾化热致调光玻璃；(b) 常温透明热致调光玻璃

3. 光谱选择性吸收膜覆膜玻璃的光谱选择性

光谱选择性吸收膜覆膜玻璃是另一种特殊的节能建筑材料，其膜层能够大量选择性地吸收太阳红外辐射，同时保持对可见光的高透射率。有学者将光谱选择性膜的功能概括为：能够保证采光和视觉所需的高可见光透射率，同时能够通过吸收或反射作用阻碍红外辐射透过，从而促进建筑节能。光谱选择性吸收膜覆膜玻璃与普通玻璃、Low-E 玻璃的透射率如图 5.1-10 所示。光谱选择性覆膜玻璃通过其膜层对太阳光辐射进行选择性吸收和透过，可见光能够高透射进入室内，提供充足的自然光照明；而近红外辐射则被大量吸收，减少了热量的传递。

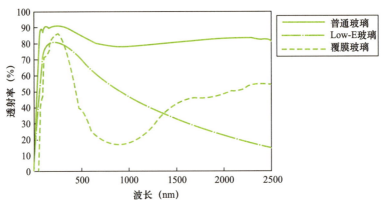

图 5.1-10　光谱选择性吸收膜覆膜玻璃与其他类型玻璃的透射率

4. 吸热玻璃的光谱选择性

玻璃的光学性能随着光谱变化，很多玻璃的光学性能受波长变化影响较小，即没有光谱选择性；而相反另一些玻璃，如吸热玻璃，却有强烈的光谱选择性。图 5.1-11 给出了不同类型平板玻璃的太阳辐射透射率。

5. 半透明光伏窗的光谱选择性

单层光伏玻璃采用较为常见的夹层玻璃，包括了内外两片相同的 6mm 厚普通透明玻璃，以及中间由胶片［聚乙烯醇缩丁醛（PVB）或乙烯-乙酸乙烯共聚物（EVA）］进行粘合连接的光伏电池层，电池片之间由导线串联汇集引线端，总厚度为 13.6mm，见图 5.1-12。

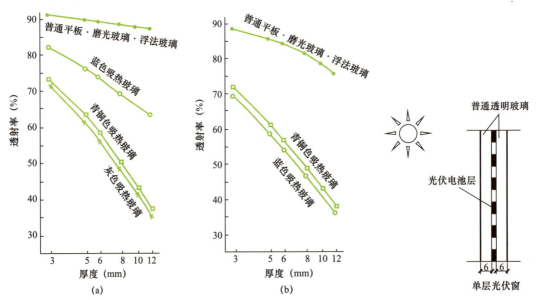

图 5.1-11　不同类型平板玻璃的太阳辐射透射率
(a) 可见光透射率；(b) 太阳辐射透射率

图 5.1-12　单层光伏窗结构示意

不同光伏电池覆盖率时的单层光伏玻璃光热性能参数见表 5.1-1。

不同光伏电池覆盖率时的单层光伏玻璃光热性能参数　　表 5.1-1

光伏电池覆盖率（%）	可见光透射率	传热系数 [W/(m²·K)]
20	0.774	3.690
30	0.677	3.990
40	0.581	4.282
50	0.484	4.568
60	0.387	4.847
70	0.290	5.118

双层光伏玻璃由外层的单层光伏玻璃、中间的空气夹层以及内层普通透明玻璃组成，如图 5.1-13 所示。光伏玻璃采用单层半透明光伏玻璃，中间的空气夹层厚度为 12mm，内层采用 6mm 厚可见光透射率为 88% 的普通透明玻璃，总厚度 31.6mm。

不同光伏电池覆盖率时的双层光伏玻璃的光热特性参数见表 5.1-2。

太阳照射玻璃表面时，一部分太阳辐射直接透过玻璃到达室内，另一部分被玻璃吸收，并且以长波辐射和对流的方式二次传至室内。由此可见，玻

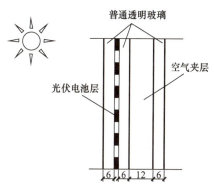

图 5.1-13　双层光伏玻璃结构示意

璃透射率和吸收率越高，室内获得的太阳能越高；反之反射率越高，则室内太阳得热越少。

不同光伏电池覆盖率时的双层光伏玻璃光热性能参数　　表 5.1-2

光伏电池覆盖率（%）	可见光透射率	传热系数 [W/(m²·K)]
20	0.694	1.904
30	0.612	2.044
40	0.528	2.170
50	0.444	2.283
60	0.358	2.386
70	0.270	2.480

5.1.3　透明围护结构的传热过程

透明围护结构可以透过太阳辐射，这部分热量在建筑物热环境的形成过程中发挥了非常重要的作用，往往比通过热传导传递的热量对热环境的影响还要大。所以通过透明围护结构传入室内的热量主要包括两部分：通过玻璃板壁的热传导和透过玻璃的日射辐射得热，如图 5.1-14 所示。

通过玻璃壁板的热传导是围护结构的一般传热方式，由于室内与室外空间存在温差，围护结构将从温度高的一侧空气进行受热，经结构自身材料导热，并与低温一侧表面空气换热。在白天或室外气温高时，透明围护结构受室外空气加热，通过玻璃板导热，一部分

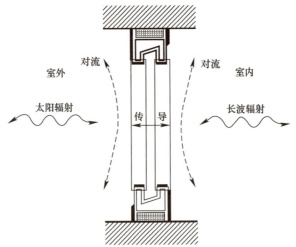

图 5.1-14 窗户传热物理模型

热量以对流换热的形式传给室内空气，另一部分热量以长波辐射的形式传给室内其他表面。在夜间或室外气温低时，透明围护结构一方面吸收了室内表面的长波辐射热，另一方面又被室内空气加热使其具有较高的表面温度，向室外低温环境以及低温天空以长波辐射的方式散热。如果玻璃窗有多层玻璃，那么内层玻璃被加热后会向外层玻璃以长波辐射的形式传热，而外层玻璃又会以长波辐射的形式向室外散热。

透过玻璃的日射辐射得热是基于普通玻璃材料的光学物理性质，普通玻璃材料能够透过波长在 $3\mu m$ 以下的短波辐射，吸收波长大于 $3\mu m$ 的长波红外线辐射，太阳辐射能量有 97% 都集中在波长小于 $2.5\mu m$ 的中短波段，而建筑室内综合环境产生的辐射是长波红外线辐射，因此，太阳辐射能够透过玻璃进入室内，室内环境辐射温度不能直接传至室外。所以，阳光照射到玻璃或透明材料表面后，一部分被反射掉，不会成为房间的得热；一部分直接透过透明外围护结构进入室内，成为房间得热量，这部分热量主要为短波辐射热量；还有一部分长波辐射被玻璃或透明材料吸收。被玻璃或透明材料吸收的热量使玻璃或透明材料的温度升高，其中一部分热量以对流和长波辐射的形式传入室内，而另一部分同样以对流和长波辐射的形式散到室外，不会成为房间的得热。

与非透明围护结构不同的是，透明围护结构这两部分的热量传递之间不存在强耦合关系。尽管太阳辐射对玻璃表面的温度有一定影响，从而对通过玻璃板壁的热传导量也有一定的影响，但由于玻璃本身对太阳辐射的吸收率远远低于非透明围护结构对太阳辐射的吸收率，这种影响非常有限，因而在工程应用中往往可以忽略。所以，与非透明围护结构传入室内的显热求解方法有很大不同，通过透明围护结构的这两部分热量需要独立求解。

5.2 透明围护结构传热量计算

透明围护结构主要包括玻璃门、窗、玻璃采光顶等，是由玻璃与其他透光材料如热镜膜、遮光膜等以及框架组成的。因此，透明围护结构的热工性能计算包括两部分内容：一是窗框部分的传热量计算，二是透光材料（如玻璃）的透热量计算。从具体的传热过程来看，透明围护结构传入室内的热量主要分为两部分：一是通过玻璃的热传导，二是透过玻璃的太阳辐射得热。热传导主要由室内外温差引起，传热过程包括导热、对流和辐射，传热量的大小取决于透明围护结构的传热系数 K，而太阳辐射得热与玻璃的太阳能得热系数（$SHGC$）密切相关。在计算这些参数时，需要综合考虑窗框、玻璃及两者之间的传热影响。因此，透明围护结构的整体传热系数不仅由框架、玻璃及其他透光材料的传热系数决定，还受窗框与玻璃之间的线传热系数的影响；其整体得热系数则由框架和玻璃的 $SHGC$ 共同决定。这些因素共同影响了透明围护结构的整体热工性能和能效表现。

5.2.1 透明围护结构的传热量

玻璃和玻璃间的气体夹层本身有热容，因此与墙体一样有衰减延迟作用。但由于玻璃和气体夹层的热容很小，所以这部分热惯性往往被忽略。将透光外围护结构的传热近似按稳态传热考虑，由此可得出通过透光外围护结构的传热得热量为：

$$HG_{\text{wind,cond}} = KA_{\text{wind}}(T_{\text{out}} - T_{\text{in}}) \tag{5.2-1}$$

其中，$HG_{\text{wind,cond}}$ 为通过透明外围护结构的传热得热量，W；K 为透明外围护结构的总传热系数（包括窗框的影响），W/(m²·K)；A_{wind} 为透明外围护结构总传热面积，m²；T_{out}、T_{in} 为室外、室内的空气温度，K。

透明外围护结构（即窗户系统）的总传热系数 K 值是衡量整个窗户（包括玻璃和窗框）在单位面积上、每摄氏度温差下传递的热量，它由玻璃、窗框以及边缘区域的传热性能综合决定。玻璃的总体传热系数取决于玻璃的材料和类型。具体而言，玻璃分为单层玻璃和多层玻璃，普通单层玻璃的传热系数通常较高，而多层玻璃（尤其是充填了惰性气体的中空玻璃）的传热系数较低，这是因为玻璃间层中的气体导热性低，并且抑制了对流效应，从而降低了玻璃的整体传热。窗框部分的传热系数取决于窗框的材料，金属窗框（如铝合金）的传热系数通常较高，而 PVC 和木材窗框的传热系数相对较低。此外，玻璃与窗框之间的边缘区域由于热桥效应，也会影响其传热性能。因此，玻璃和窗框的传热性能、各自的面积比例，以及边缘区域的热桥效应，共同决定了窗户系统的整体传热系数。

对于单层玻璃，窗户系统整体传热系数 K 由窗框传热系数、玻璃内外表面传热系数及窗框和玻璃之间的线传热系数共同组成；对于多层玻璃，除了上述因素外，还需额外考虑玻璃层之间的空气层或惰性气体层的隔热性能对传热的影响，需要多计算一项多层玻璃内部总传热系数。

$$K = \frac{\sum A_g K_g + \sum A_f K_f + \sum l_\psi \psi}{A_t} \tag{5.2-2}$$

其中，A_g 为窗玻璃面积，m²；A_f 为窗框面积，m²；A_t 为窗户总面积，m²；l_ψ 为玻璃区域的边缘长度，m；K_g 为玻璃的传热系数，W/(m²·K)；K_f 为窗框的传热系数，W/(m²·K)；ψ 为窗框和窗玻璃之间的线传热系数，W/(m·K)。

玻璃的传热系数 K_g：玻璃的整体传热系数由玻璃内外表面传热系数以及多层玻璃内部总传热系数共同组成。因此，玻璃的整体传热系数 K_g 按式（5.2-3）计算：

$$\frac{1}{K_g} = \frac{1}{h_{\text{out}}} + \frac{1}{h_t} + \frac{1}{h_{\text{in}}} \tag{5.2-3}$$

其中，h_{out} 为玻璃的室外表面换热系数，W/(m²·K)；h_{in} 为玻璃的室内表面换热系数，W/(m²·K)；h_t 为多层玻璃内部总传热系数，W/(m²·K)。

多层玻璃内部总传热系数要考虑玻璃层间的导热以及各层玻璃内气体间层的传热,气体间层的传热又包含对流传热和辐射传热,接下来主要对多层玻璃的传热计算进行分析。

多层玻璃内部总传热系数 K_t:

$$\frac{1}{K_t} = \sum_{s=1}^{N} \frac{1}{h_s} + \sum_{i=1}^{M} d_{g,i} \frac{1}{\lambda_{g,i}} \tag{5.2-4}$$

其中,h_s 为气体空隙的导热率;N 为气体层的数量;M 为材料层的数量;$d_{g,i}$ 为每一层材料的厚度,m;$\lambda_{g,i}$ 为每一层材料的导热系数,W/(m·K)。

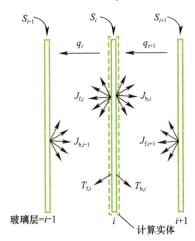

图 5.2-1 第 i 层玻璃的能量平衡

注:S_{i-1} 为第 $i-1$ 层玻璃吸收的太阳辐射热,W/m²;
S_i 为第 i 层玻璃吸收的太阳辐射热,W/m²;
S_{i+1} 为第 $i+1$ 层玻璃吸收的太阳辐射热,W/m²;
q_i 为第 i 层玻璃的总热流密度,W/m²;
q_{i+1} 为第 $i+1$ 层玻璃的总热流密度,W/m²;
$J_{f,i}$ 为第 i 层玻璃前表面辐射热,W/m²;
$J_{b,i}$ 为第 i 层玻璃后表面辐射热,W/m²;
$J_{b,i-1}$ 为第 $i-1$ 层玻璃后表面辐射热,W/m²;
$J_{f,i+1}$ 为第 $i+1$ 层玻璃前表面辐射热,W/m²;
$T_{f,i}$ 为第 i 层玻璃前表面温度,K;
$T_{b,i}$ 为第 i 层玻璃后表面温度,K。

气体空隙的导热率 h_s 按下式计算:

$$h_s = h_c + h_r \tag{5.2-5}$$

其中,h_c 为气体层的对流换热系数(包括热传导和对流),W/(m²·K);h_r 为气体层的辐射换热系数,W/(m²·K)。

通过气体间层的传热量由三部分组成,如图 5.2-1 所示,即气体分子的导热、夹层冷热壁面之间的辐射换热和对流换热。考虑到导热是固体内热转移的主要方式,对流是流体内热转移的主要方式,气体分子由于温差引起的导热可以计入对流换热之中。在每层材料均为玻璃(或远红外透射率为零的材料)的系统中,可按如下热平衡方程计算气体间层的传热 q_i:

$$q_i = h_{c,i}(T_{f,i} - T_{b,i-1}) + h_{r,i}(T_{f,i} - T_{b,i-1}) \tag{5.2-6}$$

其中,$h_{c,i}$ 为第 i 层气体间层的对流换热系数,W/(m²·K);$h_{r,i}$ 为第 i 层气体间层的辐射换热系数,W/(m²·K);$T_{f,i}$ 为第 i 层玻璃前表面温度,K;$T_{b,i-1}$ 为第 $i-1$ 层玻璃后表面温度,K。

玻璃层间气体间层的对流换热系数 $h_{c,i}$ 可按式(5.2-7)由无量纲的努塞特数 Nu 确定:

$$h_{c,i} = Nu \left(\frac{\lambda_{g,i}}{d_{g,i}} \right) \tag{5.2-7}$$

其中,$d_{g,i}$ 为气体间层 i 的厚度,m;$\lambda_{g,i}$ 为所充气体的导热系数,W/(m·K);Nu 为努塞特数,是瑞利数 Ra、气体间层高厚比和气体间层倾角 θ 的函数。

玻璃层间气体间层辐射换热系数 $h_{r,i}$ 应按下式计算:

$$h_{r,i} = 4\sigma \left(\frac{1}{\varepsilon_1} + \frac{1}{\varepsilon_2} - 1 \right)^{-1} \times T_m^3 \tag{5.2-8}$$

其中,σ 为斯蒂芬-玻尔兹曼常数,其值为 5.67×10^{-8} W/(m²·K⁴);T_m 为气体间层中两个表面的平均绝对温度,K;ε_1、ε_2 为气体间层中的两个玻璃表面在平均绝对温度 T_m 下的半球发射率。

窗框的传热系数 K_f：应在计算窗户某一框截面二维热传导的基础上获得。为了准确评估窗框本身的热传导性能，消除玻璃对窗框传热的干扰，在计算中要使用导热系数较低的板材来替代玻璃：用一块导热系数 $\lambda=0.03\text{W}/(\text{m}\cdot\text{K})$ 的板材替代实际的玻璃，板材的厚度等于所替代面板的厚度，嵌入窗框的深度按照面板嵌入的实际尺寸，可见部分的板材宽度不应小于 200mm（图 5.2-2）。因此，窗框的传热系数由框截面传热耦合系数、板材的传热系数、框的投影宽度以及板材可见部分的宽度共同决定。

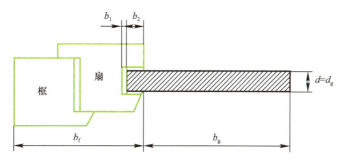

图 5.2-2　窗框的传热系数计算模型示意

注：b_1 为板材与扇之间的间距，m；b_2 为板材嵌入窗框的深度，m；
d_g 为板材的厚度，m；b_f 为框的投影宽度，m；b_g 为板材可见部分的宽度，m。

窗框的传热系数 K_f 按照下式计算：

$$K_f = \frac{L_f^{2D} - K_p \cdot b_p}{b_f} \tag{5.2-9}$$

其中，L_f^{2D} 为窗框截面传热耦合系数，$\text{W}/(\text{m}\cdot\text{K})$；$K_p$ 为板材的传热系数，$\text{W}/(\text{m}^2\cdot\text{K})$；$b_f$ 为窗框的投影宽度，m；b_p 为板材可见部分的宽度，m。

其中，窗框截面传热耦合系数 L_f^{2D} 按照下式计算：

$$L_f^{2D} = \frac{q_w(b_f + b_p)}{T_{in} - T_{out}} \tag{5.2-10}$$

流过图 5.2-2 所示截面的热流 q_w 按照下式计算：

$$q_w = \frac{(K_f \cdot b_f + K_p \cdot b_p) \cdot (T_{in} - T_{out})}{b_f + b_p} \tag{5.2-11}$$

可以看出流过图 5.2-2 所示截面的热流 q_w 与窗框的传热系数 K_f 相关，联立式（5.2-9）～式（5.2-11）求解窗框的传热系数。

窗框与玻璃接缝的线传热系数：由窗框截面传热耦合系数、窗框的传热系数、玻璃的传热系数、框的投影宽度、板材可见部分的宽度共同决定。在计算窗框与玻璃接缝的线传热系数 ψ 时应用实际的玻璃系统的传热系数，不需要用导热系数 $\lambda=0.03\text{W}/(\text{m}\cdot\text{K})$ 的板材，其他尺寸不改变（图 5.2-3）。

窗框与玻璃接缝的线传热系数 ψ 按照下式计算：

$$\psi = L_\psi^{2D} - K_f \cdot b_f - K_g \cdot b_g \tag{5.2-12}$$

其中，ψ 为窗框与玻璃接缝的线传热系数，$\text{W}/(\text{m}\cdot\text{K})$；$L_\psi^{2D}$ 为窗框截面传热耦合系数，$\text{W}/(\text{m}\cdot\text{K})$。

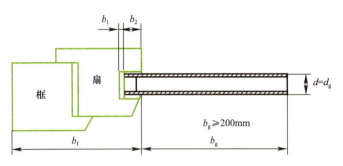

图 5.2-3　窗框与玻璃接缝的线传热系数计算模型示意

其中，窗框截面传热耦合系数 L_ψ^{2D} 按照下式计算：

$$L_\psi^{2D} = \frac{q_\psi (b_f + b_g)}{T_{in} - T_{out}} \tag{5.2-13}$$

流过图 5.2-3 所示截面的热流 q_ψ 按照下式计算：

$$q_\psi = \frac{(K_f \cdot b_f + K_p \cdot b_p + \psi) \cdot (T_{in} - T_{out})}{b_f + b_g} \tag{5.2-14}$$

可以看出流过图 5.2-3 所示截面的热流 q_ψ 与窗框和玻璃接缝的线传热系数 ψ 相关，联立式 (5.2-12)～式 (5.2-14) 求解窗框与玻璃接缝的线传热系数。

5.2.2　透过外围护结构的太阳辐射得热量

透过外围护结构的太阳辐射得热量有两种计算方法：一种是通过标准玻璃的太阳辐射得热 SSG_{ref} 来计算，另一种是直接根据太阳能得热系数 $SHGC$ 与太阳辐射强度进行计算。但这两种计算方法的本质都是通过计算外围护结构的太阳能得热系数 $SHGC$。下面给出了这两种计算方法，并对这两种计算方法中涉及的参数及其相互关系进行介绍，最后对得热量的计算进行具体分析。

第一种计算方法是通过计算透过标准玻璃的直射辐射和散射辐射从而得出总辐射，并综合考虑透光材料本身的遮挡系数 C_s 和遮阳设施的遮阳系数 C_n 对太阳辐射得热量的影响，从而计算太阳辐射得热：

$$HG_{solar} = (SSG_{Di} X_S + SSG_{dif}) C_S C_n X_{wind} A_{wind} = SSG_{ref} C_S C_n X_{wind} A_{wind} \tag{5.2-15}$$

其中，HG_{solar} 为通过窗户系统进入室内的太阳辐射得热量，W；SSG_{Di} 为入射角为 i 的太阳直射辐射，W/m²；SSG_{dif} 为太阳散射辐射，W/m²；A_{wind} 为透明外围护结构总传热面积，m²；X_{wind} 为透明外围护结构有效面积系数；C_n 为遮阳设施的遮阳系数；C_S 为玻璃或其他透明外围护结构材料对太阳辐射的遮挡系数；X_S 为太阳光实际照射面积比，即透明外围护结构上的光斑面积与透明外围护结构面积之比，可以通过几何方法计算求得。

第二种计算方法则是采用太阳能得热系数 $SHGC$ 来描述玻璃窗或玻璃幕墙的热工性能，并根据太阳辐射强度计算太阳辐射得热：

$$HG_{solar} = SHGC \cdot A_{wind} \cdot I_s \tag{5.2-16}$$

其中，I_s 为太阳辐射强度，W/m²；$SHGC$ 为窗户系统的太阳能得热系数，包括窗框的影响。

太阳能得热系数 $SHGC$ 涉及了直接透射进入室内的太阳辐射得热和被玻璃吸收后又

传入室内的得热两部分，其定义为：

$$SHGC = \tau + \sum_{i=1}^{m} N_i A_i \qquad (5.2\text{-}17)$$

其中，τ 为玻璃窗的太阳辐射总透射率；A_i 为第 i 层玻璃的吸收率；m 为玻璃的层数；N_i 为第 i 层玻璃吸收的辐射热向内传导的比率。

遮挡系数 C_S（Shading Coefficient）用来描述不同类型透明外围护结构的热工特性，定义为实际透明外围护结构的 $SHGC$ 值与标准玻璃的 $SHGC_{ref}$ 值的比，即：

$$C_S = \frac{SHGC}{SHGC_{ref}} \qquad (5.2\text{-}18)$$

进一步，可以得到如下公式：

$$(SSG_{Di} X_S + SSG_{dif}) C_S C_n X_{wind} A_{wind} = I_s \cdot SHGC \cdot A_{wind} \qquad (5.2\text{-}19)$$

可以看出式（5.2-19）左边部分通过计算太阳直射辐射和太阳散射辐射得到标准玻璃的辐射得热，右边部分直接使用太阳辐射强度 I，但是 I 也是由直射辐射强度和散射辐射强度构成的。此外，式（5.2-19）左边部分将遮阳设施的遮阳系数 C_n 考虑进去，右边部分则主要体现在太阳能得热系数 $SHGC$ 中，在计算该参数时，要综合考虑窗框、玻璃以及遮阳设施的得热系数，因此计算比较繁琐。在有遮阳设施时使用第一种计算方法进行计算更简便。

1. 透过标准玻璃的太阳辐射得热量 SSG_{ref}

由于透光材料本身的种类繁多，而且厚度不同，颜色也不同，所以通过同样透光材料的太阳得热量也不同。因此为了简化计算，常以某种类型和厚度的玻璃作为标准透光材料，取其在无遮挡条件下的太阳得热量作为标准太阳得热量，用符号 SSG_{ref}（Standard Solar Heat Gain）来表示，单位为 W/m²。当采用其他类型和厚度的透光材料，或透光材料内外有某种遮阳设施时，只对标准玻璃的太阳得热量进行不同修正即可。

$$\begin{aligned} SSG_{ref} &= (I_{Di} \tau_{glass,Di} + I_{dif} \tau_{glass,dif}) + \frac{R_{out}}{R_{out}+R_{in}}(I_{Di}\alpha_{Di} + I_{dif}\alpha_{dif}) \\ &= I_{Di}\left(\tau_{Di} + \frac{R_{out}}{R_{out}+R_{in}}\alpha_{Di}\right) + I_{dif}\left(\tau_{dif} + \frac{R_{out}}{R_{out}+R_{in}}\alpha_{dif}\right) \\ &= I_{Di} g_{Di} + I_{dif} g_{dif} = SSG_{Di} + SSG_{dif} \end{aligned} \qquad (5.2\text{-}20)$$

其中，τ_{glass} 为玻璃或透光材料的透射率；α 为透光材料的吸收率；R 为透光材料的表面换热热阻，m²·K/W；τ 为透射率；g 为标准太阳得热率。下标：Di 为入射角为 i 的直射辐射；dif 为散射辐射；glass 为透光材料。

为了有效遮挡太阳辐射，减少夏季空调负荷，采用遮阳设施是常用的手段。遮阳设施设置在透明外围护结构的内侧和外侧，对透明外围护结构的遮阳作用是不同的。外遮阳和内遮阳的本质区别主要在于它们对太阳辐射热量的阻隔位置不同，导致热传递效果存在差异。外遮阳安装在建筑外部，能够在太阳辐射到达建筑表面前就将其大部分反射或吸收，少部分透过的阳光才会达到玻璃外表面，从而进入室内形成冷负荷。被外遮阳设施吸收了的太阳辐射热，一般都会通过对流换热和长波辐射散到室外环境中，对室内造成的影响非常小。内遮阳则位于窗户或玻璃内部，太阳辐射首先穿过玻璃进入室内，再被内遮阳材料部分吸收或反射,但向外反射的一部分又会被玻璃反射回来,使反射作用减弱。更重要的是内遮阳设施吸收的辐射热会慢慢在室内释放全部成为得热。内遮阳设施只是对得热的峰值有所延迟和衰减而已,对太阳辐射得热的削减效果比外遮阳设施要差得多。

遮阳设施的遮阳作用采用遮阳系数 C_n 来描述。其物理意义是设置了遮阳设施后的透明外围护结构太阳辐射得热量与未设置遮阳设施时的太阳辐射得热量之比,包含了通过包括遮阳设施在内的整个外围护结构的透射部分和通过吸收散热进入室内的两部分热量之和。

外遮阳的作用往往可以反映在太阳光实际照射面积比 X_s 和遮阳系数 C_n 上。由于挑檐、遮阳篷或者部分打开的外百叶、外卷帘等外遮阳设施并不会把吸收的辐射热又释放到室内,所以它的作用本质上是减小透明外围护结构上的光斑面积,用太阳光实际照射面积比 X_s 表示。

2. 太阳能得热系数 SHGC

计算整个窗户系统的太阳能得热系数 SHGC 时应包括窗玻璃区域太阳能得热系数和窗框太阳能得热系数,在有遮阳设施时还要考虑遮阳设施的太阳能得热系数,本小节仅介绍窗户系统的整体太阳能得热系数。

(1) 窗户系统的太阳能得热系数 SHGC

$$SHGC = \frac{\sum SHGC_g A_g + \sum SHGC_f A_f}{A_t} \quad (5.2\text{-}21)$$

其中,SHGC 为窗户系统的太阳能得热系数;$SHGC_g$ 为窗玻璃区域太阳能得热系数;$SHGC_f$ 为窗框太阳能得热系数。

(2) 玻璃的太阳能得热系数 $SHGC_g$

1) 单层玻璃的太阳能得热系数

$$SHGC_g = \tau_s + \frac{A_s \cdot h_{in}}{h_{in} + h_{out}} \quad (5.2\text{-}22)$$

其中,τ_s 为单片玻璃的太阳光直接透射率;A_s 为单片玻璃的太阳光直接吸收比。

2) 多层玻璃的太阳能得热系数

多层玻璃的太阳能得热系数按下式进行计算:

$$SHGC_g = \tau_s + \sum_{i=1}^{n} q_{in,i} \quad (5.2\text{-}23)$$

各层玻璃向室内的二次传热按下式计算:

$$q_{in,i} = \frac{A_{s,i} \cdot R_{out,i}}{R_t} \quad (5.2\text{-}24)$$

其中,$A_{s,i}$ 为太阳辐射照射到玻璃时,第 i 层玻璃的太阳辐射吸收比;R_t 为玻璃的总传热热阻,$m^2 \cdot K/W$,即各层玻璃、气体间层、内外表面换热热阻之和。

各层玻璃室外侧方向的热阻应按下式计算:

$$R_{out,i} = \frac{1}{h_{out}} + \sum_{k=2}^{i} R_k + \sum_{k=1}^{i-1} R_{g,k} + \frac{1}{2} R_{g,i} \quad (5.2\text{-}25)$$

其中,$R_{g,i}$ 为第 i 层玻璃的固体热阻,$m^2 \cdot K/W$;$R_{g,k}$ 为第 k 层玻璃的固体热阻,$m^2 \cdot K/W$;R_k 为第 k 层气体间层的热阻,$m^2 \cdot K/W$。

(3) 窗框的太阳能得热系数 $SHGC_f$

$$SHGC_f = \alpha_f \cdot \frac{K_f}{\dfrac{A_{surf}}{A_f} h_{out}} \tag{5.2-26}$$

其中，α_f 为窗框表面太阳辐射吸收系数；A_{surf} 为窗框的外表面面积，m^2。

5.3 建筑透明围护结构节能技术

建筑透明围护结构通常采用隔热、遮阳等节能技术，以保证对太阳能的合理利用，减少对传统建筑能源系统的依赖。目前透明围护结构节能技术可以分为以下几类：透明围护结构自身调光性能优化、遮阳技术、保温部件、配套节能附件与安装技术（图 5.3-1）。其中节能玻璃是人们将某些玻璃的性能与普通玻璃比较后提出的，通常是指具有隔热和遮阳性能的玻璃。按其性能可分为隔热性能型节能玻璃、遮阳性能型节能玻璃和吸热性能型节能玻璃。其中隔热性能型节能玻璃有中空玻璃、真空玻璃等；遮阳性能型节能玻璃有镀膜玻璃、调光玻璃等；吸热性能型节能玻璃有吸热玻璃等。

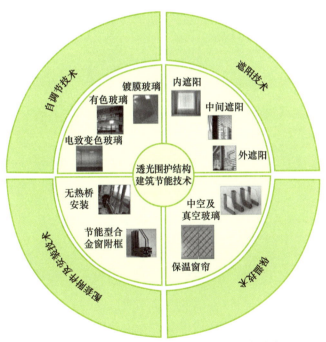

图 5.3-1 建筑透明围护结构节能技术分类

5.3.1 透明围护结构自调控技术

为了有效控制太阳辐射和热量的传导，从而实现节能效果，出现了改变玻璃自身调光特性的技术，包括镀膜玻璃、调光玻璃、吸热玻璃等透明围护结构自调控技术。改变玻璃对光线和热量的选择性反射、透射和吸收特性，从而减少在炎热的季节或气候条件下通过太阳辐射进入室内的热量，降低空调和其他冷却系统的使用需求。在寒冷季节，反射室内热量回到房间内，减少通过窗户散失的热量，降低供暖系统的能耗。

1. 镀膜玻璃

镀膜玻璃是在玻璃表面采用物理方法或化学方法，镀一层或多层金属、合金或金属化合物，以改变玻璃性能制成的深加工玻璃制品。镀上金属、金属氧化物等薄膜，按其特性不同可分为热反射玻璃和低辐射玻璃。由于其膜层强度较差，一般是制成中空玻璃使用。

（1）热反射（阳光控制）玻璃，一般是在玻璃表面镀一层或多层金属（如铬或不锈钢等或其他化合物组成的）薄膜，使产品颜色丰富，对可见光有适当的透射率，对近红外线有较高的反射率，对紫外线有很低的透射率，因此也称为阳光控制玻璃。与普通玻璃相比，降低了遮阳系数，即提高了遮阳性能，但对传热系数改变不大。

（2）低辐射（Low-E）玻璃，是在玻璃表面镀多层银、铜或锡等金属或其他化合物组成的油膜，产品对可见光有较高的透射率，对红外线有很高的反射率，具有良好的隔热性能，其反射特性见图 5.3-2。

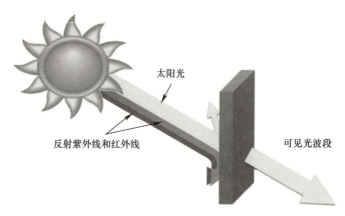

图 5.3-2 低辐射（Low-E）玻璃

Low-E 镀膜玻璃具有较低的 $SHGC$ 值，通常在 0.2 到 0.4 之间，用于反射红外线，减少太阳热量的传递，从而降低冷却需求；阳光控制镀膜玻璃的 $SHGC$ 值通常在 0.25 到 0.5 之间，适合于需要平衡自然光和太阳热量的环境；而没有镀膜的普通透明玻璃的 $SHGC$ 值通常较高，一般在 0.7 到 0.85 之间，几乎允许所有的太阳能热量进入室内。

2. 调光玻璃

调光玻璃是一种新型的节能材料，它通过调节太阳光的透射率达到节能效果。调光玻璃可根据导致变色的材料分为光致变色、电致变色、热致变色及液晶基等多种类型。相比于外遮阳和内遮阳装置，它既美观实用具有现代感，还能有效降低室内得热量，且不需要过高的维护和运行成本。电致变色玻璃主要适用于高层建筑，大部分的高层办公建筑使用的都是透明围护结构，这种围护结构在具有美观外表的同时，也存在着过多热量伴随太阳光进入室内的问题，在夏季会导致建筑物的冷负荷过大，影响人体热舒适，且过多的太阳光也会影响室内人员的视觉舒适，导致室内眩光指数高于标准值。与上述的遮阳装置相比，电致变色玻璃除了具有美观和低运行成本的特点外，还具有更好的隔热性能以及可调节太阳光透射率的功能。

调光玻璃的作用原理是：当作用于调光玻璃上的光强、温度、电场或电流发生变化时，调光玻璃的性能也将发生相应的变化，从而可以在部分或全部太阳能光谱范围内实现高透射率状态与低透射率状态之间的可逆变化。

电致变色玻璃由多层结构组成，如图 5.3-3 所示，主要包括透明导电层[氧化铟锡（ITO）或其他透明导电氧化物，位于玻璃表面，用于传导电流]、电致变色层[三氧化钨（WO_3）等材料，在施加电场时该层会发生氧化还原反应，导致颜色或透光率的变化]、电解质层（固态、凝胶态或液态的电解质位于电致变色层和对电极层之间，允许离子移动，但阻止电子流动，确保反应的可逆性）、对电极层[由二氧化钛（TiO_2）或其他可与电致

图 5.3-3　电致变色玻璃结构

变色层发生电化学反应的材料构成，配合电致变色层工作]、第二层透明导电层（与电致变色层的导电层相对，通过施加电压使电致变色过程发生）。当电压施加到玻璃上时，电解质层中的离子（如 Li^+ 或 H^+）会在电场作用下迁移进入或退出电致变色层，导致电致变色材料的氧化或还原反应。在氧化状态下，电致变色层的光吸收特性会改变，通常表现为颜色变深或变暗；而在还原状态下，该层会恢复到初始的透明或浅色状态。这种颜色变化是可逆的，通过改变电场的极性，可以反复切换玻璃的透明度。因此通过控制施加电压的大小和持续时间，可以调节电致变色玻璃的透光率，从而控制进入室内的光线量。电致变色玻璃建筑、汽车、航空器等相关行业应用广泛，能够有效地节约能源并提高人员舒适性。

3. 吸热玻璃

吸热玻璃利用玻璃中的金属离子对太阳辐射进行选择性吸收，同时呈现不同的颜色，是一种能够吸收太阳辐射的平板玻璃。吸热玻璃的节能原理是当太阳辐射透过玻璃时，玻璃将光能吸收转化为热能，热能又以热传导、热对流和热辐射的形式散发出去，从而减少太阳能进入室内。其特点是遮蔽系数比较低，太阳光总透射率、太阳光直接透射率和太阳光直接反射率都较低，可见光透射率、玻璃的颜色可以根据玻璃中的金属离子的成分和浓度变化而变化。可见光反射率、传热系数、辐射率与普通玻璃差别不是很大。吸热玻璃生产方式主要分为两种，一为本体着色，即在无色透明平板玻璃的配料中掺入特殊的着色剂，采用浮法；二为表面镀膜，即在玻璃表面喷膜吸热、着色的氧化物薄膜。

5.3.2　透明围护结构光伏技术

半透明光伏外窗（Semi-Transparent Photovoltaic Window，STPV-W）系统是光伏建筑一体化技术中的一个较为特色的系统，它能满足建筑的采光、维护和美观等基础作用，其半透明的属性能够阻挡过多的太阳辐射进入室内从而降低眩光产生的概率，同时也可降低室内的太阳辐射得热从而减小夏季室内冷负荷，对调节室内的光热环境有重要的影响；除此之外，它还能将部分吸收的太阳辐射转化为电能，补充进建筑电网系统中。所以，这一系统被认为是实现建筑外窗主动式节能的关键技术之一。

目前常见的半透明光伏外窗系统主要是由双层玻璃封装的半透明非晶硅光伏组件代替常规外玻璃而构成的窗户系统。非晶硅薄膜光伏窗利用较为轻便、单薄的感光材料制成，这种材料便于附着或涂层于建筑外围护结构或特定建筑构造上。与其他材质的光伏窗相

比，半透明光伏外窗具有生产成本低、质量轻便和光电转换效率较高等优势，故应用较为广泛。双层结构的光伏窗中间含有空气空腔，可以使得光伏组件不直接暴露于太阳辐射下，所以，其使用周期和隔热性能也较为优良。

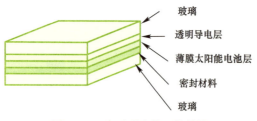

图 5.3-4　半透明光伏组件结构

半透明光伏组件结构如图 5.3-4 所示，太阳光穿过玻璃，光伏薄膜吸收一部分光子，并开始光电转换，薄膜太阳能电池层采用非晶硅、钙钛矿、CIGS（铜铟镓硒）等，在保持一定透光性的同时，进行光电转换。当阳光照射在光伏材料上时，光子会激发材料中的电子，使它们从基态跃迁到激发态，形成自由电子和空穴对。通过电场的作用，这些自由电子被导向电极，产生电流，传递至透明导电层从而实现光电转换。产生的直流电通过电路收集，可以直接用于建筑物的电力需求（如照明、供暖、通风设备），或储存到电池中备用，或者通过逆变器转换为交流电并入电网。

半透明光伏外窗系统的发电量取决于光伏组件效率、窗户面积、太阳辐射强度、安装角度与朝向、阴影和遮挡等因素。半透明光伏组件的发电效率通常低于传统光伏组件，因为它们需要兼顾透光性和发电功能，发电效率一般为 8%～15%。系统的发电量与光伏组件覆盖的窗户总面积成正比。更大的窗户面积将产生更多的电能。太阳辐射量直接影响光伏发电量。光伏窗的安装角度和朝向决定了接收太阳辐射的效率。接近垂直和面朝南向的光伏窗在北半球最有利于发电，建筑物或植被对窗户的遮挡会减少光伏窗的发电量。通常使用峰值日照小时（Peak Sun Hours，PSH）来估算光伏窗一天的发电量。

5.3.3　透明围护结构遮阳技术

遮阳是建筑设计中一个关键的节能策略，旨在控制太阳辐射进入室内的量，以改善室内舒适度，降低能源消耗。遮阳的主要目的包括减少夏季冷却负荷，同时在冬季使建筑室内保持适当的日照以减少建筑供暖需求。遮阳系统通常分为外遮阳、内遮阳和中间遮阳，每种方式都有其独特的作用和应用场合。

1. 内遮阳

内遮阳是指在建筑物内部安装遮阳设施，其主要原理见图 5.3-5，通过阻挡或吸收太阳辐射来减少室内的热量增益，从而降低空调系统的负荷，提高室内的舒适度。内遮阳的常用技术包括遮阳帘、百叶窗、遮阳膜、遮阳布等。这些技术通过不同的材料和设计，可以调节进入室内的光线强度和方向，同时还能提供一定的隐私保护和美观效果。例如，百叶窗可以调节叶片的开合角度，控制光线的进入量；而遮阳膜则可以反射或吸收部分太阳辐

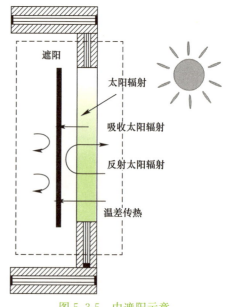

图 5.3-5　内遮阳示意

射，减弱室内温度升高的效果。内遮阳系统通常与建筑的窗户设计相结合，以达到最佳的遮阳效果和节能效果。

内遮阳是最常见的遮阳方式，广泛用于家庭和办公场所，可以根据需要灵活调整室内光线的强度，避免眩光的同时提供舒适的自然光。提供隐私保护的同时，内遮阳还能增添室内的装饰效果。虽然内遮阳对太阳热辐射的阻挡效果不如外遮阳，但仍能减少热量通过玻璃直接进入室内。

内遮阳适用于气候相对温和的地区，可以为居住或工作空间提供足够的遮阳效果。在对美观要求较高的建筑中，内遮阳常与装饰元素结合使用。

2. 中间遮阳

中间遮阳的结构见图 5.3-6，在双层玻璃幕墙中间设置可调节的遮阳百叶帘，或中空玻璃内置遮阳百叶，也可以在中空玻璃窗内侧玻璃朝向室外的一侧贴 Low-E 膜或增加 Low-E 涂层，或直接使用 Low-E 玻璃。

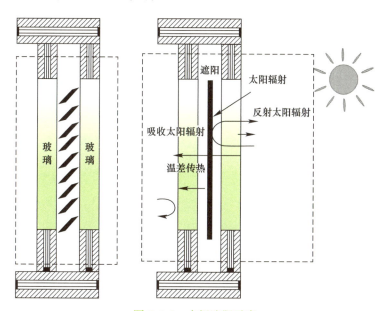

图 5.3-6　中间遮阳示意

中置百叶是将铝制百叶帘安装于中空玻璃的中空腔体内，可以用在窗户及隔断上。中置百叶产品的中间遮阳材料可以采用铝合金材质百叶、PVC 及阳光面料等材质，铝合金材质的百叶较为常见。中置百叶遮阳是传统遮阳产品与中空玻璃相结合的结果，具备了中空玻璃及百叶帘的综合性功能，包括遮阳、保温、隔声、调节采光、防火、抗寒、保障私密性、节省空间、便于清理等功能。

中间遮阳结合了外遮阳和内遮阳的优点，可以有效减少太阳辐射，同时保持清晰的视野和良好的隔热效果。由于遮阳装置被封闭在玻璃之间，避免了灰尘、雨水等对其的影响，减少了维护需求和延长了使用寿命。

中间遮阳通常应用于双层或三层玻璃系统中，以提高整体遮阳效果和隔热性能，因此适用于需要高效隔热与遮阳的建筑，在高要求的节能建筑或寒冷气候条件下，中间遮阳可以有效减少冬季热损失和夏季热增益。

3. 外遮阳

外遮阳是在户外设置百叶窗、卷帘等遮阳设备，其结构见图 5.3-7。使用内遮阳时，百叶和窗户之间的空气容易受到温室效应的影响而造成室温居高不下。但是外遮阳的百叶窗不但可将户外的日照隔绝，并且能够抑制室内温度上升。在使用外遮阳设施的情况下，最多可以节省 45% 的空调耗能。常见的外遮阳类型有：百叶翻板类、室外百叶帘、室外卷帘、遮阳棚等。

外遮阳能在太阳辐射接触到建筑物表面之前进行有效阻挡，抑制室内温度上升，从而显著降低夏季的冷却需求，节能效果好。设置外遮阳可避免太阳直射辐射进入室内，改善室内微气候，降低室内温度，使室内凉爽舒适，在夏季减少使用甚至不使用空调；若采用有保温层的活动外遮阳设施，在冬季夜晚还可以起到保温的作用，减缓室内温度下降，降低供暖能耗和费用。

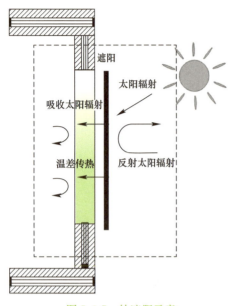

图 5.3-7 外遮阳示意

外遮阳适用于炎热气候或夏季阳光强烈的地区，及需要强效遮阳的地区，如热带或亚热带气候地区。同时，对于大面积玻璃幕墙的建筑中，外遮阳可以显著减少太阳能热增益。

5.3.4 透明围护结构保温技术

透明围护结构（如窗户、幕墙等）在建筑中扮演着重要的角色，不仅提供了采光和视野，还直接影响建筑的能效和舒适度。透明围护结构的保温目的、实现方式，以及不同类型玻璃的保温性能和保温窗帘的作用，都对建筑的整体性能至关重要。通过透明围护结构保温的应用，能够有效减少热量通过透明围护结构的传递，保持室内温度稳定，从而提升居住或工作环境的舒适度；减少热量流失或热量增益，降低建筑的供暖和制冷负荷，从而节省能源费用。

1. 中空玻璃（玻璃-空气/惰性气体-玻璃）

建筑围护结构不管是保温还是隔热都是依靠材料和结构的作用，其本质是材料或结构的热阻：热阻越大保温隔热性能越好，热阻越小保温隔热性能越差。同种气体条件下，相比于改变玻璃厚度，改变中空层厚度对中空玻璃的传热系数影响更加明显。

空气在常温条件下的导热系数为 0.024W/(m·K)，远远小于建筑上常用保温材料的导热系数，因此一定厚度空气层的热阻肯定大于同样厚度的建筑材料。适当设置一定空气间层的厚度可以达到很好的保温隔热效果，因为空气层的存在大大增加了热阻，降低了原本的传热系数。又因为空气的成本低、重量轻，所以使用空气层既可降低经济成本又可减少建筑承重，一举两得。部分学者研究表明：在中空层厚度和玻璃厚度不变的情况下，中空层内填充氩气比填充空气更能降低中空玻璃传热系数，但会增加建设成本。

2. 真空玻璃（玻璃-真空-玻璃）

真空玻璃由两块平行玻璃板组成，两块玻璃之间的间隙狭窄且抽成真空状态，其结构如图 5.3-8 所示，为了承受施加在玻璃外表面的大气压，两块玻璃内表面之间使用阵列排布的支柱支撑。玻璃的四周严格密封，避免外界气体进入玻璃内部，目前常用的是焊接玻璃或者铟合金密封技术，使玻璃间形成真空层的玻璃制品具有优越的保温和隔声性能。与中空玻璃相比，真空玻璃制作生产工艺更为复杂，成本投入较大，不适合大规模使用。

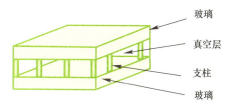

图 5.3-8　真空玻璃结构

真空玻璃真空间隙的一个或者多个内表面通常附有低辐射（Low-E）涂层，可以显著降低辐射换热量。真空玻璃的传热主要是由 3 个部分组成，分别是通过支柱和密封边缘的导热、两块玻璃内表面之间的辐射换热以及通过真空间隙剩余气体的导热和对流换热。真空间隙可以极大程度地减少两块玻璃之间的对流传热量，低辐射涂层又可以大大减少玻璃的辐射换热量，因此，具有低辐射涂层的真空玻璃拥有更加优良的隔热性能。由于真空状态下的热传导效果差，真空玻璃提供了极佳的保温效果，比中空玻璃的保温性能更强。

3. 保温窗帘

外窗内置窗帘后，不仅多了窗帘布的热阻，更重要的是增加了窗帘与外窗间的空气层，若是多层窗帘，则空气层数也相应增加。空气层不仅可以用在墙里、地板里、顶棚上，还可以用在多层玻璃之间，当然也可以用在窗帘与外窗之间，它不仅有吸声、隔声、隔振、防潮的作用，更有隔热保温的作用。同时保温窗帘通过其特殊的材料（如铝箔涂层、厚实的织物层）减少室内外热量的交换，冬季减少室内热量流失，夏季阻挡外部热量的进入。常见的保温窗帘见图 5.3-9。

图 5.3-9　常见的保温窗帘

（1）保温窗帘的作用

保温窗帘通常由多层材料制成，包括反射层和隔热层，保温窗帘的隔热层可以更有效地隔绝室内外的热量传递，反射层可以反射部分太阳光，减少热量的进入，从而抑制夏季室内温度的上升。夏季，使用保温隔热窗帘时，太阳光向室内辐射的热量大部分被反射回去，太阳保护指数（IPS）可达到 60.8%；室内温度对比无窗帘的情况下要低 6~12℃，比使用普通窗帘要低 4~6℃。冬季，使用保温隔热窗帘，从室内人体和物体辐射到窗帘上的绝大部分热量，都会被窗帘反射回来，有效阻止了热量的散发，从而提高室内温度。

窗帘空气层存在于窗帘与外窗或窗帘与窗帘之间，大大增加了系统的总热阻，减弱了室内外换热，降低了热损失，从而达到了节能的目的。窗帘附加热阻与空气层厚度之间存在一定的关系，随着空气层厚度的增加，窗帘附加热阻先增大后减小，存在最佳值，空气层厚度较小时空气层内气流流动主要为层流，通过窗帘及其空气层的传热主要为导热形式，随着空气层厚度增加，其导热热阻也增加，附加热阻随之增加，随着空气层厚度的进一步增加，空气层内空气流动由层流发展为紊流，对流换热量增大，窗帘及其空气层的热阻减小。因此，对于不同窗户类型，需配合合适的窗帘、间隙层宽度，以达到最佳节能效果。

（2）保温窗帘附加热阻计算

窗帘附加热阻用于计算建筑外窗逐时传热量，采用窗帘保温后，窗帘开启/关闭状态分别对应不同的外窗传热热阻，只有在夜间窗帘关闭时需考虑窗帘附加热阻对传热量计算的影响。窗帘附加热阻包括空气层总热阻、窗帘本身导热热阻、窗帘内表面总换热热阻和窗帘前玻璃内表面总换热热阻。需要注意的是：在外窗传热量计算中，应根据窗帘开启/关闭时间，决定是否纳入附加热阻，如：夜间窗帘关闭，在计算夜间外窗传热量时，外窗的总热阻应包括窗帘附加热阻；同理，日间窗帘开启，在计算日间外窗传热量时无需考虑窗帘附加热阻。窗帘附加热阻计算方法如下：

外窗的总热阻 R_{total} 按下式计算：

$$R_{total} = R_w + \frac{\delta_g}{\lambda_g} + R_{air} + R_{lian} + R_n \tag{5.3-1}$$

其中，δ_g 为窗玻璃厚度，m；λ_g 为窗玻璃导热系数，W/(m·K)；R_w 为外窗外表面换热热阻，m·K/W；R_{air} 为空气间层热阻，m·K/W；R_{lian} 为窗帘热阻，m·K/W；R_n 为内窗外表面换热热阻，m·K/W。

因此，窗帘的附加热阻为：

$$R_{add} = R_{total} - \frac{1}{K} \tag{5.3-2}$$

其中，K 为外窗未加窗帘时的传热系数，W/(m²·K)。

在冬季，可在白天拉开窗帘，使室外的太阳辐射进入室内，促进外窗玻璃和窗框、室内地板、家具等对太阳辐射的吸收；夜晚，当室内空气温度较低时，白天储存在室内的太阳辐射热开始释放，此时拉上窗帘后增加了空气层，增加外窗的热阻，抑制了热传导、热对流、热辐射从而减少了室内的热量向室外散失。夏季，当白天室外温度高于室内温度且太阳辐射很强时，拉上窗帘产生空气层，抑制太阳辐射直接进入室内，降低由于太阳辐射而使外窗外表面温度升高后的导热，又抑制了以室外空气为热源的窗系统的导热和由于热空气直接进入造成的对流传热；夜晚，室外温度逐渐下降，室内温度往往高于室外温度，为了室内热舒适，需要进行散热，此时拉开窗帘，空气层消失，促进了热传导、热对流、热辐射的发生，甚至可以打开外窗，促使室内热量快速地向室外散失。

5.3.5 透明围护结构附件节能技术

1. 节能型窗附框

节能型窗附框是实现建筑节能的关键组件，能够有效减少热量的传递和流失，提升建筑的能源效率和居住舒适度。窗框的发展经历了从传统木质到现代铝合金、塑料和复合材料的演变。传统附框存在热量传递高、密封性差等问题，而节能型窗框通过采用低热导率材料、热隔断设计、高效密封等技术手段，实现了显著的节能效果。选择和使用节能型窗框有助于提高建筑的整体性能、降低能源消耗，符合现代建筑对节能环保的要求。

相关标准规定民用建筑外窗必须采用附框安装。附框性能应满足节能、强度高、耐腐蚀、耐久性好等要求。积极推广采用节能型附框，节能型附框材料性能应满足：导热系数

（25℃）应不大于 0.2W/（m·K），吸水率（24h）应不大于 0.5%，加热后尺寸变化率（60℃，24h）应不大于 0.1%，握钉力应不小于 4000N。目前主要采用的节能窗附框为玻璃钢附框。

玻璃钢附框是以玻璃纤维及其制品（玻璃布、带、毡、纱等）作为增强材料，采用合成树脂（不饱和聚酯、环氧树脂和不发泡聚氨酯等）作基体材料的复合型材制作而成，其作为外窗与墙体构件的连接部件，起到窗与墙洞口连接的作用。其中，65 三腔系列玻璃纤维增强塑料窗（玻璃钢窗）是以被动式建筑节能技术为设计理念，通过采用性能不衰减的节能材料和生产工艺，在结构上采取相应的节能措施，以达到建筑节能的要求，可在不同地区应用，在使用年限内几乎都能保证其保温性能符合设计要求。

玻璃钢附框型材采用热固性树脂为基材，以玻璃纤维为主要增强材料，并加入一定助剂和辅助材料，经拉挤工艺成型。附框为双腔结构，由自身承担与建筑主体洞口连接的荷载，并与防雨水渗入的披水板相连接。玻璃钢附框与披水板连接构造示意图见图 5.3-10。

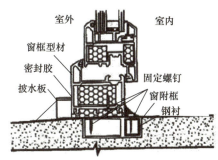

图 5.3-10　玻璃钢附框与披水板连接构造示意图

中国建筑科学研究院建筑环境与节能研究院评估的结论为：在冬季计算条件下，与普通钢附框相比，玻璃纤维增强塑料附框在减少建筑物通过建筑外窗附框流失热量的同时，有效地提高了相应的内表面温度。

2. 无热桥安装技术

热桥是指建筑结构中由于材料导热性能不同而形成的热量集中传递的区域，通常在窗户安装位置较为明显。无热桥安装技术是为了消除窗户安装过程中可能出现的热桥现象，进而提升建筑的整体节能效果和舒适度。无热桥安装技术的主要目的是避免这些热桥，以提高窗户和建筑围护结构的热隔离性能。

目前建筑中外围护门、窗的安装方式为采用金属膨胀螺栓或者尼龙胀锚螺栓将镀锌角钢或镀锌金属压型角片与建筑墙体进行固定，这样的安装方式会产生热桥。被动式超低能耗建筑为解决门、窗安装过程中产生的热桥问题，采用以下两种方式进行安装（以塑钢窗为例）：

一是湿法无热桥安装方式。采用沉头金属膨胀螺栓或者尼龙胀锚螺栓将聚氨酯拉挤型材固定角件与塑料热框与建筑墙体进行固定，其他三边同样采用聚氨酯拉挤型材制作固定角件用来承担门、窗所受的风荷载，为避免出现金属热桥，采用塑料盖帽将外露的螺栓头盖住，见图 5.3-11（a）。这种安装方式采用的聚氨酯拉挤型材是由多元醇与一种高反应性的异氰酸酯方便快捷地混合均匀形成的制品，它可以提高制品中玻璃纤维含量而使制品强度大大提高。同时用玻璃纤维与聚氨酯树脂拉挤窗框，所得窗框的强度比 PVC 窗框高 8 倍，其导电性比铝低 40 倍，因而绝缘性能好得多，同时具有优良的胀缩性能，可耐各种气候条件。

二是干法无热桥安装方式。该方法与湿法无热桥安装方式的区别在于：采用聚氨酯树脂拉挤型材制成附框，附框与窗按照室外向室内的顺序进行安装，附框大于窗框，将门、窗的外框包裹住，避免窗框结合处的雨水渗透；同时，在附框的室内一侧设置挡边，既避免通缝的形成，又可增强门、窗与墙体间的密封性能；为利于门、窗排水系统的设置，将附框与窗的接触面设置成斜坡。这种干法无热桥安装方式,将聚氨酯拉挤附框与墙体的保温系统的各项热工性能保持一致,形成统一的保温体,见图5.3-11(b)。同时聚氨酯附框具有很好的节能保温效果,经研究,其可使门、窗与墙体整个安装节点传热系数降低0.87W/(m²·K),使整个节点内表面温度提高5.6℃。

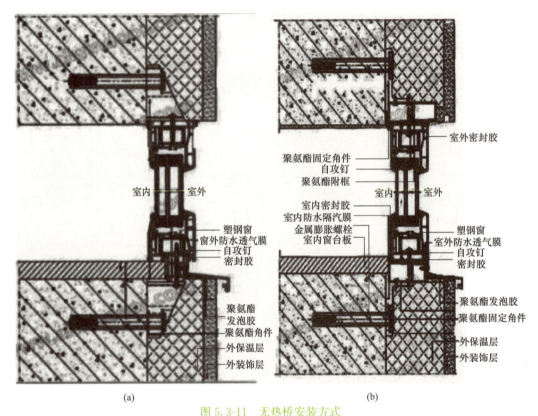

图5.3-11 无热桥安装方式
(a)湿法无热桥安装方式;(b)干法无热桥安装方式

外窗无热桥安装向着技术和材料创新、施工技术改进、设计标准提升、绿色建筑认证和法规推动等的未来趋势发展。通过这些趋势,建筑行业将继续提高建筑的节能性能,减少热桥带来的能量损失,从而实现更高效、舒适和环保的建筑设计。

5.4 本章小结

透过透明围护结构的太阳辐射是建筑热环境的重要外扰,合理利用或控制太阳辐射尤为重要。从建筑透明围护结构对太阳辐射的透射出发,梳理了太阳辐射在透明围护结构中的传输机制,介绍了不同透明围护结构在不同太阳辐射波长下的光谱选择性,分析了太阳辐射在透明围护结构中的传热过程;给出了透明围护结构由室内外温差引起的传热量以及太阳辐射得热量的具体计算过程,分析了影响透明围护结构热工性能的主要参数以及各参数之间的相互关系,并考虑了遮阳设施对传热及计算过程的影响。

透明围护结构节能技术是建筑节能的关键一环,在实际应用时选择具有良好透光性和保温隔热性能的材料,如低辐射玻璃(Low-E玻璃)或中空玻璃,以最大限度地减少热量进入或流失。同时玻璃也可以作为产能部件,通过集成光伏玻璃技术进行发电。为进一步优化透明围护结构的热性能,遮阳系统的引入和昼夜动态保温的设计能够有效调控进入或流出室内的热量。此外,新型窗附框及新型安装方法能够防止产生建筑热桥,减少热量流失。透明围护结构节能技术的综合应用,不仅确保了室内空间的良好自然采光,还通过高效利用或控制太阳能,减少能源消耗,实现建筑节能与减排的双重目标。

第6章　太阳能建筑室内热环境

建筑室内热环境直接影响着人体的舒适度和健康，适宜的室内热环境使人体易于保持热平衡，从而感到舒适。建筑室内热环境受太阳辐射波动性影响，使得建筑各朝向热环境具有差异性，同时太阳辐射作为建筑室内热环境除室内暖通空调外的热源，通过合理运用，可以满足室内热环境要求。在太阳能建筑中，通过合理的建筑布局和围护结构热工设计来抵抗或利用太阳辐射热作用是暖通空调系统设计的基础，也是降低建筑运行能耗和碳排放的重要部分。因此，在了解单项围护结构/部品/构件的热工特性基础上，应进一步关注室内外因素如何通过建筑整体来影响室内热环境，从而正确考虑和计算各种因素的影响，明确室内热环境调节效果。

6.1　太阳能建筑室内热环境成因及特征

建筑室内空气温度、空气湿度、室内空气流速及环境辐射温度（室内各壁面温度的当量温度）等因素综合组成的热物理环境共同构成了建筑室内热环境，也称室内热气候或室内气候。根据传热基本定律与人体热调节原理，空气温度与辐射温度是影响人员与环境热交换的关键参数，而空气湿度、气流速度则通过改变潜热散热、换热速率影响热交换。

6.1.1　建筑室内热环境成因

1. 建筑热环境形成因素

影响建筑室内热环境的因素主要有外部环境因素（外扰）、室内因素（内扰）以及建筑本体的热工条件，如图6.1-1所示。

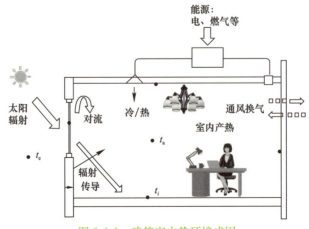

图 6.1-1　建筑室内热环境成因

(1) 外部环境因素（外扰）

外扰主要包括室外气候参数如室外空气温湿度、太阳辐射、风速，以及邻室的空气温湿度，均可通过围护结构的传热、传湿、空气渗透使热量和湿量进入到室内，对室内热湿环境产生影响。这些影响参数中室外空气温度和太阳辐射对室内热环境影响最大。

太阳辐射通过透明和非透明围护结构直接或者间接影响建筑内表面温度。建筑内表面温度一方面不仅直接决定内表面辐射温度，另一方面与室内空气进行对流换热影响室内空气的温度。高强度的太阳辐射会导致室内温度升高，形成不均匀的热环境，会影响人体的热舒适感。太阳辐射照射到非透光的建筑围护结构（如外墙、屋顶等）外表面时，非透明围护结构会吸收大量太阳辐射并转化为热能以提升建筑外表面温度，并通过热传导方式影响建筑室内表面；由于太阳运动的周期性，不同朝向的室外综合作用不同，各朝向的建筑室内表面得热量不同，进而其表面温度不同，围护结构各内表面间存在互辐射作用。建筑室内表面通过对流传热方式与室内空气进行换热，将热量传给室内空间，即使在没有直射太阳辐射的区域也能感受到温度上升。

太阳辐射直接穿过窗户，增加室内温度，对室内得热贡献显著。太阳辐射照射到透明围护结构（如窗户、幕墙等）表面后，一部分被反射掉；另一部分直接透过透光外围护结构进入室内，全部成为房间得热量，特别是在阳光直射的情况下，这在冬季可能有助于自然取暖，减少供暖需求，但在夏季，则可能导致过热，增加室内得热。对于窗户等透明围护结构，由于玻璃和气体夹层的热容很小，不考虑其蓄热作用，太阳辐射通过窗户等透明围护结构照射到建筑室内表面上形成光斑，光斑区域的表面开始吸收太阳辐射的能量，通过光热转化效应提升了室内物体表面温度，进而不同物品表面温度与室内环境各表面产生辐射作用，并与室内空气进行对流换热；同时透明围护结构表面与室内空气亦存在对流换热作用，并与不同温度表面物体进行辐射换热。

(2) 室内因素（内扰）

内扰主要包括室内设备、照明、人员等室内热湿源。人体一方面会通过皮肤和服装向环境散发显热，另一方面通过呼吸、出汗向环境散发潜热（湿量）。人体的总散热量取决于人体的代谢率，其中显热散热与潜热散热的比例与空气温度以及平均辐射温度有关。

照明设施向环境散发的是显热。室内设备可分为电动设备和加热设备，照明设施也是加热设备的一种。加热设备只要把热量散入室内，就全部成为室内得热。而电动设备所消耗的能量中有一部分转化为热能散入室内成为得热，还有一部分成为机械能。这部分机械能可能在该室内被消耗掉，最终都会转化为该空间的得热。如果这部分机械能没有消耗在该室内，而是输送到室外或者其他空间，就不会成为该室内的得热。一般民用建筑的散热散湿设备包括家用电器、厨房设施、食品等。

室内热源得热是室内设备的散热、照明设备的散热和人体散热之和，室内热源总得热的大小取决于热源的发热量，如设备的功率、人体的代谢率等。尽管如此，由于室内热源的散热形式有显热和潜热两种，显热散热和潜热散热的比例则跟空气的温度和湿度参数有关。而显热散热的形式也有对流和辐射两种，对流散热和辐射散热的比例跟空气温度与四周的表面温度有关。其中辐射散热也有两种形式：一种是以可见光与近红外线为主的短波辐射，散发量与接收辐射的表面温度无关，只与热源的发射能力有关，如照明设施发的光；另一种是热源表面散发的长波辐射，如一般热表面散发的远红外辐射，散发量与接收辐射的表面温度和表面特性有关。

2. 建筑室内热平衡

在建筑室内环境中，热量通过热传导、热对流和热辐射在室内外之间以及室内各物体之间传递。建立热平衡方程有助于深入理解这些热量传递过程，为优化室内热环境提供理论基础。建筑室内热平衡综合考虑了围护结构内表面热平衡、空气热平衡以及房间所有其他热交换过程，以全面描述房间内部的热环境，进而评价房间热环境优劣。围护结构内表面热平衡和空气热平衡是房间热平衡方程组的重要组成部分，它们共同作用，确保房间内的温度和湿度保持在一个稳定的范围内。本章 6.1 节中 "1. 建筑室内热环境成因"对建筑室内热环境形成要素进行了详细介绍，建筑围护结构传热控制方程已在第 4 章与第 5 章进行了详细介绍，本节主要从围护结构内表面热平衡和空气热平衡构成的室内热平衡关系角度出发对影响建筑室内热环境稳定性指标进行阐述。

(1) 建筑室内空气热平衡

建筑室内温度的波动体现出建筑室内空气的稳定性。室内空气温度是受室外气温及太阳辐射等气象条件，人体、设备等室内产热，以及室内供暖或制冷等影响进而发生变化的。为能理解室温变动，就需要以室内空气的热摄取、热损失、蓄热为对象对室内空气的热收支加以考虑。建筑室内空气热平衡如图 6.1-2 所示。室内空气热平衡方程式使用文字表示为：

单位时间内房间空气显热量增值＝空气与各围护结构表面对流换热量＋空气与室内其他表面对流得热量＋室内换气及空气渗透得热量＋供暖系统供热量

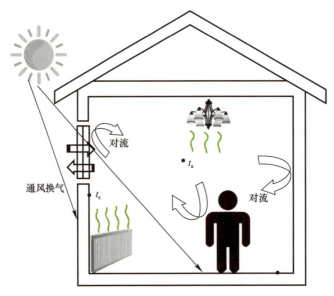

图 6.1-2　建筑室内空气热平衡

数学表达式如式 (6.1-1) 所示：

$$M\frac{dt_a}{d\tau}=\sum_{i=1}^{N}A_i h_{c,i}(t_i-t_a)+Q_c+c_e\rho_e L(t_e-t_a)+Q_s \tag{6.1-1}$$

其中，M 为室内空气的热容量，J/K；t_a 为室温，℃；t_i 为室内 i 表面温度，℃；t_e 为室外综合温度,℃；A_i 为室内表面积，m²；Q_c 为室内产热的对流成分，W；Q_s 为供暖系统供给房间的供热量，W；L 为换气量（缝隙风量），m³/s；c_e 为空气的比热容，J/(kg·K)；$h_{c,i}$ 为室内 i 表面的对流传热系数，W/(m²·K)；ρ_e 为空气的密度，m³/kg；τ 为时间，s；N 为室内部位数（表面的数量）。

(2) 建筑围护结构内表面热平衡

对实际室温进行计算，就需要知道各部位的表面温度。对于实际围合建筑，建筑室内表面是指在围护结构包络的范围内的房间内壁面、家具等表面（见图 6.1-3）。

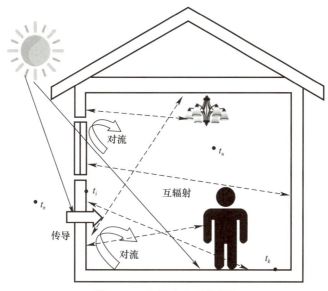

图 6.1-3 建筑内表面热平衡

围护结构内表面与周围环境及各表面之间会发生热交换，对于房间每个围护结构内表面，其热平衡方程式可用文字表示为：

围护结构导热量＋内表面与室内空气的对流热量＋各表面之间互辐射热量＋直接获得的辐射热量＝0

对于 τ 时刻单位面积第 i 表面来说，其热平衡方程式为：

$$q_i^c(\tau) + h_{c,i}[t_a(\tau) - t_i(\tau)] + \sum_{j=1}^{N} C_b \varepsilon_{ik} \varphi_{ik}\left[\left(\frac{T_k(\tau)}{100}\right)^4 - \left(\frac{T_i(\tau)}{100}\right)^4\right] + q_i^r(\tau) = 0$$

(6.1-2)

其中，$t_a(\tau)$ 为室内空气温度，℃；$t_i(\tau)$ 为第 i 围护结构内表面温度，℃；$T_i(\tau)$、$T_k(\tau)$ 为第 i、第 k 围护结构内表面绝对温度，℃；$h_{c,i}$ 为第 i 围护结构内表面的对流换热系数，W/(m²·K)；C_b 为黑体辐射常数，值为 5.67W/(m²·K)；ε_{ik} 为第 i 围护结构内表与第 k 围护结构内表面之间的系统黑度，约等于第 i、k 围护结构表面自身黑度的乘积，即 $\varepsilon_{ik} \approx \varepsilon_i \varepsilon_k$；$\varphi_{ik}$ 为第 i 围护结构内表面对第 k 围护结构内表面的辐射角系数；N 为房间不同围护结构内表面总数；$q_i^c(\tau)$ 为第 i 围护结构内表面通过热传导方式由外表面传入的得热量，W/m²；$q_i^r(\tau)$ 为第 i 围护结构内表面直接获得的太阳辐射热量和各种内扰的辐射热量，W/m²。

建筑外环境以热传导、热辐射等方式影响建筑围护结构内表面温度，围护结构内表面进一步通过与室内空气和室内表面的热对流和热辐射作用,影响室内热环境。因此,准确把握建筑围护结构内表面热平衡关系和室内空气热平衡关系,是分析建筑室内热环境的基础。

6.1.2 建筑室内热环境特征

建筑室内热环境会紧随着室外环境参数的变化而波动。太阳辐射是建筑外部的主要热源,当室内无内热源时,建筑室内热增益主要来源于太阳辐射通过透明围护结构进入室内得热。而太阳能资源存在季节变化和周期性波动,在太阳辐射的影响下,建筑室内热环境的差异主要体现在空间和时间两方面。

1. 空间差异

建筑的不同朝向会导致接收到的太阳辐射量的显著差异。我国集中供暖地区地域辽阔,各地太阳辐射差别较大,供暖建筑不同朝向接收太阳能辐射量不同造成南北向外墙的传热量的不同,南向房间在冬季能较好地接收太阳直射辐射,南向外墙内表面温度就会显著上升,增强热舒适性;而北向房间接收到的太阳辐射较少,其内表面的温度较低,北向房间冷辐射感强烈,导致南、北向房间热环境差异。建筑热环境的空间朝向差异对建筑物的采光、能耗和舒适度有重要影响。如图 6.1-4 所示,通过北纬 40°地区不同月份各朝向总辐照度的比较可以看出:水平面在夏季接收的太阳辐照度最大,其值远远超过垂直面的太阳辐照度,即太阳辐射得热最多。

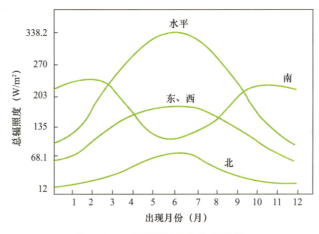

图 6.1-4 太阳辐射的方向差异性

2. 时间差异

太阳能资源的季节变化和周期性波动规律对建筑室内热环境动态波动有显著影响。

(1) 昼夜变化。一天之内,太阳位置的移动导致各房间的光照强度和时长不断变化,从而影响室内热环境的动态变化。一天之内,太阳辐照度随时间变化,早上逐渐增强,正午前后达到高峰,然后逐步减弱。这导致室内温度在白天上升,傍晚开始下降。东向房间早晨光线充足,而西向房间则在傍晚迎来最强烈的光照。

(2) 季节变化。由于太阳辐射的方向性,在同一地区,建筑各朝向表面的太阳辐照度随季节的变化规律各不相同。随着季节的更迭,太阳高度角和日照时长的变化直接影响室内热环境。在冬季,太阳辐照度较小,日照时间短,对北方地区而言,冬季太阳高度角低，南向房间更容易获得直射光，提高室内温度，有助于被动加热。在夏季，太阳辐照度较大，日照时间长，太阳高度角增大，若无适当遮阳，可能导致太阳能建筑过度加热，东、西向尤其是西向房间容易受到强烈日照，导致室内温度升高，容易出现过热问题。建筑物可以通过遮阳措施来减少过量的太阳能输入，控制室内温度的上升。在过渡季，太阳辐射量适中，太阳能建筑可以通过良好的设计和调节，利用太阳能有效平衡室内温度，减少对人工供暖或制冷的需求。

不同朝向的建筑室内热环境具有明显差异，为了尽可能消除朝向差异带来的室内不舒适感及降低空调负荷，通过合适的建筑设计充分利用太阳辐射规律，克服太阳能周期性和随机性缺点造成建筑室内环境存在不稳定等问题，实现建筑室内热环境稳定及舒适与节能。采用被动式太阳能建筑以提升建筑室内热环境，降低或消除建筑室内热环境不均匀性，有助于维持室内温度的稳定。被动式太阳能建筑是一种经济、有效利用太阳能的被动式供暖建筑，是太阳能热利用的一个重要领域。被动式太阳能供暖技术是一种"利用建筑本体南向设置的集热构件有效吸收和贮存太阳能，并将太阳能及时转化为热能为房间提供热量"的技术，具有经济效益好、构造简单和无需使用机械动力的优势，在我国被广泛采用。对于被动式太阳能建筑，按其吸收利用太阳能的热过程和方式，一般可分为3种基本形式：直接受益式、附加阳光间式和集热蓄热墙式。

太阳能建筑与无被动措施建筑的不同之处在于最大程度利用了太阳辐射，太阳辐射直接通过玻璃投射到集热蓄热墙夹层与附加阳光间中，提升了夹层空气与附加阳光间空气的温度，当其高于室内温度时，通过对流、导热及辐射换热作用于建筑室内空气，以提升并稳定建筑室内空气温度。直接受益窗是通过南向大面积玻璃窗将太阳辐射引入室内，使房间内的墙面、地面和家具等吸收热量，从而提高室内温度，其热过程与无被动式建筑热过程相似，只是房间透过太阳辐射增加。

6.2 直接受益式太阳能建筑室内热环境

6.2.1 直接受益式太阳能建筑室内热平衡

直接受益式太阳能建筑，是被动式太阳能供暖建筑中成本最低、施工最简单，也是最常用的一种，与普通建筑在外观上区别很小，区别仅在于房屋南向的窗户面积加大；窗户材料选择多层玻璃以及透光率较高的玻璃材质，同时增加其气密性；围护结构选择蓄热性能好且热阻大的重质材料。直接受益式太阳能建筑利用太阳辐射在冬季通过南向较大开窗面积的玻璃构件，直接透射到室内房间具有吸热特性的地板、墙壁面或家具等蓄热体上，使这些蓄热体吸收储存热量，从而温度升高，只有少部分阳光被反射到室内的其他面（包括窗），再次进行阳光的吸收、反射作用（或通过窗户透出室外）。蓄热体吸收的热量，一部分以对流换热、辐射换热的方式在室内空间中传递从而形成直接得热，由于蓄热物体的蓄热特性，另一部分热量则通过热传导进入蓄热体中，在其后逐渐缓慢释放，使室内在晚上和阴天也能获得一定的热量，维持一定的室内热环境。门、窗作为建筑的主要失热构件，采用这种方式的被动式太阳能建筑，由于南向的窗墙比较大，夜间及阴天室内向室外的热损失很大，因此应配置保温窗帘，同时要求窗扇窗框具备较好的密封性能，以降低通过窗户的热损失。图 6.2-1 为直接受益式太阳能建筑室内热环境形成示意图。夏季时由于日照强烈，太阳辐射透过南向窗易造成室内过热，因此窗檐上应设置遮阳板，以遮挡夏季阳光透过窗户进入室内。

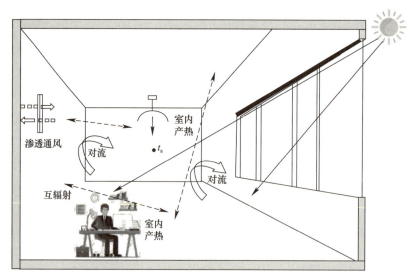

图 6.2-1　直接受益式太阳能建筑室内热环境形成示意图

　　直接受益式太阳能建筑室内空气热平衡及建筑围护结构内表面热平衡见式（6.1-1）、式（6.1-2），直接受益式太阳能建筑室内热环境与未采用被动式节能措施的房间热环境营造不同之处在于由于增加了透明围护结构的面积，使得太阳辐射通过透明围护结构落入建筑室内表面的光斑的比例增大，建筑围护结构及室内其他表面通过光热转化提高了其表面温度，各表面与空气通过对流换热作用进行换热，进而使得建筑室内蓄热量增加，室内温度得以提升。

6.2.2　直接受益式太阳能建筑室内热环境特征

　　影响室内热环境的因素，除与直接受益式技术相关的外部因素，如室外气象参数、建筑形态及其热工参数等，主要影响因素为窗户气密性、窗玻璃的材料以及窗墙面积比。窗户气密性越好，房间的渗透失热量越少；窗玻璃材料导热系数越小、透光率越高，房间得到的太阳辐射量越多，且通过窗的失热量越少；窗墙比越大，集热面积越大，昼间透过窗的太阳辐射越多，室内家具、墙体等围护结构蓄热量越多，但房间蓄热性越差，透过窗体的失热量越大，日较差越大。可见，窗墙比（WWR，表示南向窗户面积与南向墙的比例）存在得失热矛盾点，不同气候特点、不同使用时间段建筑适用的窗墙比大小存在差异。

　　选取寒冷地区（拉萨）及严寒地区（格尔木）直接受益式太阳能建筑室内热环境进行分析，如图 6.2-2 所示。窗墙比的增大对室内最高温度的提升最显著，对室内平均温度的提升较为显著，对室内最低温度的提升有限，甚至在严寒地区，室内最低温度先缓慢提高再缓慢降低。这是由于随着窗墙比增大，昼间直射入房间的太阳辐射增大，房间瞬时得热量增大，昼间室内温度提升速率更快；而到了夜间或太阳辐射弱的清晨，窗户作为失热部件，窗墙比越大，房间透过窗户的热损失也越大，且窗墙比越大，蓄热墙体越小，此时房间得热速率小于热损失速率，因此夜间及太阳辐射弱的时段，随着窗墙比的增大，房间温度递增速率比昼间要缓慢甚至出现温度递减现象；晴朗的白天窗户得热量大于失热量，相当于得热部件，而夜间其相当于失热部件，因此窗墙比越大，日较差越大。

对于代表寒冷地区的拉萨，不同窗墙比的直接受益式太阳能建筑的室内温度曲线见图 6.2-2（a）。该类地区属于太阳能资源丰富地区，昼间集热量极大；且其属于寒冷地区，建筑能耗相对较小。《西藏自治区民用建筑节能设计标准》DBJ540001—2016 中指出，利用太阳能技术冬季供暖室内温度不低于 15℃。随着窗墙比的增大，集热总量高于建筑需热量，但由于集热量在时间上分布不均，在 10:00 左右室内温度略低于 15℃。与 WWR 为 0.3 相比，WWR 为 0.9 可使室内最低温度提高 4.5℃，平均温度提高 8.5℃，温度高于 15℃的小时数由 5h 提高到 22h，但日较差温度增大了 9.4℃。

对于代表严寒地区的格尔木，不同窗墙比的直接受益式太阳能建筑的室内温度曲线见图 6.2-2（b）。该类地区属于太阳能资源丰富地区，昼间集热量极大；但其属于严寒地区，建筑能耗较大。随着窗墙比的增大，集热总量仍小于建筑需热量，且由于集热量在时间上分布不均，部分时段室内温度可高于 15℃，但部分时段室内温度极低，仅 5℃左右。与 WWR 为 0.3 相比，WWR 为 0.9 可使室内最低温度提高 3.4℃，平均温度提高 8.0℃，温度高于 15℃的小时数由 0h 提高到 8h，但日较差温度增大了 12.4℃。仅利用直接受益式太阳能技术，夜间及太阳辐射较弱的清晨热环境较差，室内温度仅 5℃左右。

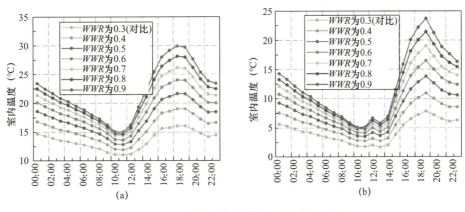

图 6.2-2 直接受益式太阳能建筑室内温度
(a) 拉萨；(b) 格尔木

综上所述，直接受益式太阳能建筑虽能有效提升室内温度，但室内温度波动变大，在白天能够高效利用太阳光进行供热，但在晚上降温快，导致室内温度波动较大。由于直接受益式太阳能建筑主要依赖于白天的太阳光，因此在没有阳光的情况下，其供热能力会大幅下降，特别是在夜间或阴天时供热能力有限。

6.3 附加阳光间式太阳能建筑室内热环境

附加阳光间式太阳能建筑的基本结构是将阳光间附建在房间南侧。白天，太阳辐射透过阳光间的玻璃，一部分直接透过隔墙上的门、窗开口，一部分照射到墙上存储起来以热传导和对流换热的方式将热量传递到相邻的房间；晚上，关闭门、窗或者孔洞、拉上窗帘后，热量就通过热传导进行。无论白天还是晚上，阳光间作为缓冲空间，其温度总是高于环境温度，所以对热量的散失起到了抑制作用。相比于直接受益式太阳能建筑，附加阳光间式太阳能建筑既增加了集热部件，又可以作为室内外的缓冲区，同时也减小了房间的冷风渗透和冷风侵入热损失，极大地提高了与阳光间相邻房间的室内热舒适性。太阳辐射作用于夹层空气中提升空气温度，夹层空气再通过热对流、热传导作用于建筑室内热环境。

6.3.1 附加阳光间式太阳能建筑室内热平衡

1. 房间空气的热平衡

对于附加阳光间而言空气传热属于动态过程。阳光间大多情况下不供暖，也有些阳光走廊需要供暖。因此，在阳光间空气动态热平衡中供暖系统供热量视实际情况而定。当阳光间和房间公共墙之间的门、窗洞开启时，两室之间因温度差而产生的热压，进而使两室之间产生自然循环对流。在白天，阳光间会通过门、窗洞向室内提供热量。因此在门、窗洞开启时，自然循环对流换热量需考虑，不同于未采用被动式节能措施的建筑及直接受益式太阳能建筑的空气热平衡方程。图6.3-1为附加阳光间式建筑室内空气热平衡示意图。附加阳光间式太阳能建筑空气动态热平衡方程用文字表示为：

与各围护结构内表面的对流换热量＋空气渗透换热量＋太阳辐射得热量＋自然循环对流换热量＋室内照明、辅助热源及人员散热＋南向内门、窗空气渗透热量＝单位时间内房间空气中显热量的增值。

数学表达式可用式（6.3-1）表示：

$$\sum_{i=1}^{N} A_i h_{c,i}[t_i(\tau) - t_a(\tau)] + L(\tau)\rho_w c_{pw}[t_e(\tau) - t_a(\tau)] + Q_r(\tau) \\ + Q_{ab}(\tau) + Q_{in}(\tau) + L_b(\tau)\rho_b c_{pb}[t_b(\tau) - t_a(\tau)] = V\rho_a c_{pa} \frac{dt_a(\tau)}{d\tau}\bigg|_{\tau=\tau_0} \quad (6.3-1)$$

其中，A_i为第i围护结构内表面面积，m^2；$h_{c,i}$为第i围护结构内表面与室内空气的对流换热系数，$W/(m^2 \cdot K)$；L为空气渗透量，m^3/s；ρ_w为室外空气密度，kg/m^3；ρ_a为室内空气密度，kg/m^3；c_{pw}为室外空气比热容，$J/(kg \cdot K)$；c_{pb}为阳光间空气比热容，$J/(kg \cdot K)$；$Q_r(\tau)$为τ时刻太阳辐射得热量，W；$Q_{ab}(\tau)$为τ时刻自然循环对流换热量，W；$Q_{in}(\tau)$为τ时刻人、照明、辅助加热各种设备等向室内的传热量，W；L_b为阳光间向室内的空气渗透量，m^3/s；ρ_b为阳光间空气密度，kg/m^3；c_{pa}为室内空气比热容，$J/(kg \cdot K)$；V为房间容积，m^3。

附加阳光间式太阳能建筑增加了夹层空气与建筑室内环境的对流换热项$Q_{ab}(\tau)$。一般情况下，在白天，阳光间受太阳辐射影响，空气温度升高较快，阳光间空气温度会大于房间空气温度进而产生热压，使两室之间产生自然循环对流，自然循环对流换气量大小受到门、窗大小、形状及房间进深等因素的影响。刘加平教授等对阳光间和窑洞自然循环对流过程进行了理论分析和实验研究，并给出了门、窗开启时的换气量计算公式，如下：

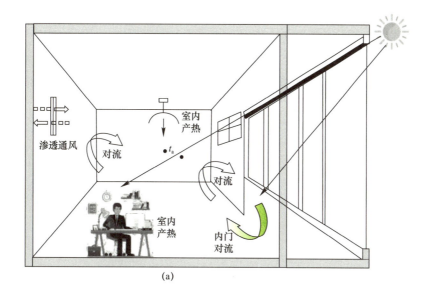

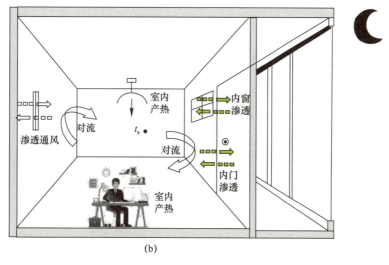

图 6.3-1 附加阳光间室内空气热平衡示意图
(a) 附加阳光间式建筑白天室内空气热平衡；(b) 附加阳光间式建筑晚上室内空气热平衡

(1) 门、窗之一开启时的换气量

门、窗其中之一开启时，门或窗处气流为理想速度分布。循环压差为：

$$\Delta p = -2\Delta \rho x \quad (6.3\text{-}2)$$

其中，$\Delta \rho$ 为阳光间与房间空气密度差，kg/m^3；x 为距门、窗几何中线的垂直距离，m。

对理想气体，有

$$\rho = \frac{T_0}{T}\rho_0 \quad (6.3\text{-}3)$$

则：

$$\Delta p(\tau) = T_0 \rho_0 \cdot 2 \frac{t_a(\tau) - t_b(\tau)}{T_a T_b} x \tag{6.3-4}$$

其中，ρ_0 为空气密度，kg/m^3；T_0 为空气温度，K；$t_a(\tau)$ 为房间空气温度，℃；T_a 为房间空气绝对温度，K；$t_b(\tau)$ 为阳光间空气温度，℃；T_b 为阳光间空气绝对温度，K。

又：

$$\Delta p(\tau) = \frac{1}{2} \frac{\rho_0 v^2}{g} \tag{6.3-5}$$

其中，v 为气流速度，m/s；g 为重力加速度，m/s^2。

则 τ 时刻 x 处的气流速度为：

$$v = \sqrt{\frac{2\Delta p g}{\rho_0}} = \sqrt{\frac{2g}{\rho_0} \cdot \frac{2T_0 \rho_0 [t_a(\tau) - t_b(\tau)] \cdot x}{T_a T_b}} \tag{6.3-6}$$

取：

$$T_0/(T_a T_b) = 1/T_{ab} \tag{6.3-7}$$

其中，$T_{ab} = (T_a + T_b)/2$。

设门或窗宽度为 b，高度为 h，假设不考虑水平方向速度梯度，则通过洞口的循环空气体积流量 $G(\tau)$ 为：

$$G(\tau) = b \int_{-h/2}^{h/2} v \mathrm{d}x = \frac{2}{3} b \sqrt{\frac{gh^3}{2} \cdot \frac{t_a(\tau) - t_b(\tau)}{T_{ab}}} \tag{6.3-8}$$

考虑到门、窗边缘的阻力影响，式（6.3-8）可加一修正系数 C，其值一般取 0.6~1。

$$G(\tau) = \frac{2}{3} bC \sqrt{\frac{gh^3}{2} \cdot \frac{\Delta t}{T_{ab}}} \tag{6.3-9}$$

（2）门、窗同时开启时换气量

门、窗同时开启时，阳光间和室内之间的对流换气量不等于门和窗分别开启时的流量之和。无论门、窗是否相连，内外之间的对流换气是一综合过程，气流中位线在门、窗之间的几何中线上。设从门的底线到窗户顶线处的高度为 H，则循环空气的体积流量 $G(\tau)$ 为：

$$G(\tau) = \frac{2}{3} \cdot \frac{b_1 h_1 + b_2 h_2}{H} C \sqrt{\frac{gH^3}{2} \cdot \frac{t_a(\tau) - t_b(\tau)}{T_{ab}}} = \frac{2}{3} BC \sqrt{\frac{gH^3}{2} \cdot \frac{t_a(\tau) - t_b(\tau)}{T_{ab}}} \tag{6.3-10}$$

其中，b_1 为门的宽度，m；b_2 为窗的宽度，m；h_1 为门的高度，m；h_2 为窗的高度，m；H 为从门的底线到窗户顶线处的高度，m；$B = \frac{b_1 h_1 + b_2 h_2}{H}$，为门、窗的几何当量宽度，m。

（3）门、窗开启时自然循环对流换热量

根据上述门、窗开启时换气量的分析，可以得到自然循环对流换热量即阳光间通过门、窗洞，向室内提供的热量：

$$Q_{ab}(\tau) = G(\tau) \rho_b c_{pb} [t_b(\tau) - t_a(\tau)] \tag{6.3-11}$$

$Q_{ab}(\tau)$ 为 τ 时刻自然循环对流换热量，W；$G(\tau)$ 为循环空气的体积流量，m^3/s；ρ_b 为阳光间空气密度，kg/m^3；c_{pb} 为阳光间空气比热容，$kJ/(kg \cdot K)$。

白天,阳光透过玻璃进入到阳光间,阳光间空气被加热,内门开启,房间空气与阳光间空气进行自然循环对流;夜间,内门关闭,自然对流换热量为 0,且太阳辐射得热量亦为 0,内门、窗和其他围护结构类似,与室内空气进行对流换热,由于房间温度与阳光间空气温度亦不相同,空气会从内门、窗以渗透的方式进入房间。

2. 阳光间围护结构内表面热平衡

阳光间围护结构内表面热平衡方程见式(6.1-2),图 6.3-2 为阳光间内表面传热示意图。与未采用被动式节能措施的建筑及直接受益式太阳能建筑的不同之处在于其围护结构导热量 $q_i(n)$ 不再直接受室外温度影响,而是直接受夹层空气温度的影响,传热方向从夹层空气到建筑室内。

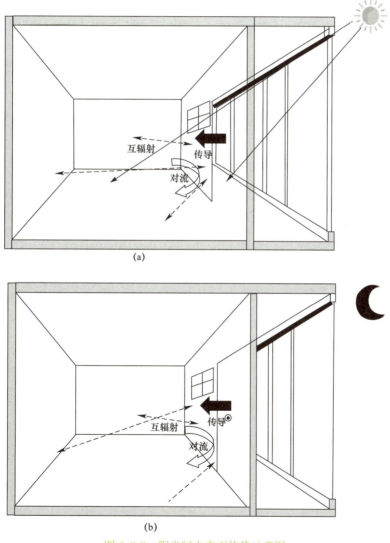

图 6.3-2 阳光间内表面传热示意图
(a) 阳光间白天内表面传热示意图;(b) 阳光间晚上内表面传热示意图

3. 阳光间夹层空气热平衡

阳光间温度的高低直接影响太阳能建筑室内温度,从对夹层空气热平衡出发,分析太阳辐射对附加阳光间式太阳能建筑室内热环境的影响，阳光间夹层空气热平衡方程见式（6.3-12）。

$$V_s \rho_s C_{ps} \frac{dt_s(\tau)}{d\tau}\bigg|_{\tau=\tau_0} = \sum_{n=1}^{4} h_{cin} A_{in}[t_{in}(\tau) - t_s(\tau)] + h_{ci} A_i [t_i(\tau) - t_s(\tau)] \\ + h_{cwo} A_{wo}[t_{wo}(\tau) - t_s(\tau)] + h_{cgo} A_{go}[t_{go}(\tau) - t_s(\tau)] + Q_{ab} + Q_{inf}$$

(6.3-12)

其中，V_s 为阳光间的容积，m^3；ρ_s 为阳光间空气密度，kg/m^3；C_{ps} 为阳光间空气定压比热容，$kJ/(kg \cdot ℃)$；A_{in} 为阳光间屋顶、地面、西墙和东墙的总面积，m^2；A_i 为阳光间南向玻璃的面积，m^2；A_{wo} 为公共墙面积，m^2；A_{go} 为公共墙上的门面积，m^2；Q_{ab} 为开启公共墙门洞时阳光间与供暖房间的自然对流换热量，W；Q_{inf} 为阳光间与室外空气的冷风渗透量，W；$t_s(\tau)$ 为阳光间空气温度，℃；$t_{in}(\tau)$ 为阳光间屋顶、地面、西墙和东墙的内表面温度，℃；$t_{go}(\tau)$ 为阳光间通风门外表面温度，℃；$t_{wo}(\tau)$ 为阳光间公共墙的外表面温度，℃；$t_i(\tau)$ 为阳光间南向玻璃内表面温度，℃；h_{ci} 为南向玻璃内表面与阳光间室内空气的对流换热系数，$W/(m^2 \cdot K)$；h_{cwo} 为公共墙外表面与阳光间室内空气的对流换热系数，$W/(m^2 \cdot K)$；h_{cgo} 为通风门外表面与阳光间室内空气的对流换热系数，$W/(m^2 \cdot K)$。

附加阳光间式太阳能建筑可有效收集太阳辐射并向室内传递热量，白天，阳光间受太阳辐射影响，与南向玻璃进行对流换热，阳光间温度升高较快，阳光间空气温度会大于房间空气温度，通过打开阳光间与房间之间的门、窗使两室之间因温差形成热压差，两室之间产生自然循环对流 $Q_{ab}(\tau)$。太阳辐射进入阳光间后，一部分照射到南向墙体，提高墙体温度，南向墙体在阳光间温度和太阳辐射的综合作用下，温度升高，并通过热传导的方式将热量传递到房间内表面，房间内表面进而与房间空气进行对流换热，影响房间空气温度。

6.3.2 附加阳光间式建筑室内热环境特征

附加阳光间式太阳能建筑有多种类型，最有代表性的是农村和城镇两种类型。

1. 农村附加阳光间式太阳能建筑

农村附加阳光间式太阳能建筑的阳光间是南向房间前面的一个玻璃空间，其前面及两侧全是玻璃，甚至空间的顶部也是玻璃，见图 6.3-3。在条件允许的情况下，也可以把顶部的玻璃做成斜的，更加美观的同时还可以更有效地收集太阳辐射。

对甘肃省某农村附加阳光间式太阳能建筑室内热环境进行研究，见图 6.3-4，阳光间因受室外温度和太阳辐射影响较大，在一天中温度波动较大，最大温差约28℃，而房间的温差则在5℃左右，且房间温度始终高于5℃，最高能达到12℃，证明阳光间能够有效提升建筑房间的温度，阳光间作为建筑过渡空间，能够有效减少晚上房间热量向室外进行传热。

2. 城镇附加阳光间式太阳能建筑

城镇附加阳光间是采用玻璃与金属框架将阳台设置为封闭阳台，以便充分利用太阳能资源提高建筑房间温度，见图 6.3-5。

第6章 太阳能建筑室内热环境

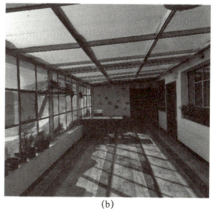

(a) (b)

图 6.3-3 农村附加阳光间式太阳能建筑
(a) 阳光间外观；(b) 阳光间内部空间

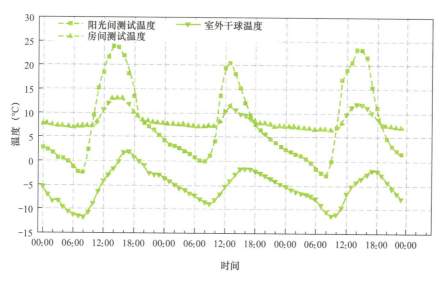

图 6.3-4 附加阳光间式太阳能建筑相关温度测试结果

图 6.3-5 城镇附加阳光间式太阳能建筑

对拉萨某城镇附加阳光间式太阳能建筑室内热环境进行研究，见图 6.3-6，阳光间受室外温度和太阳辐射的影响较大，在一天中温度波动较大，最大温差约为 28℃，相比而言，南向房间最大温差则在 3℃ 左右。由于建筑北面温度及太阳辐射量较小，北向房间的

111

温度相对较低（北向房间主要受室外空气温度的影响，温度较低），北向房间平均温度远低于南向房间温度。

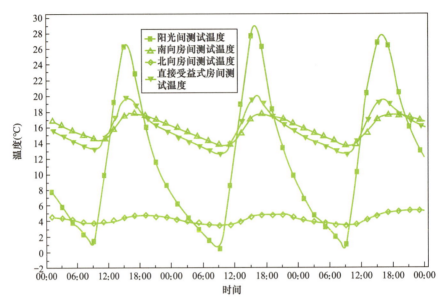

图 6.3-6　城镇附加阳光式太阳能建筑各典型房间测试温度

对于有附加阳光间的南向房间，其温度波动在 4℃ 左右，而直接受益式房间温度波动在 7℃ 左右。在 11：00～16：00，直接受益式房间空气温度比阳光间的南向房间平均高 1.3℃ 左右，在 16：00～24：00、00：00～10：00，附加阳光间的南向房间空气温度比直接受益式房间平均高 0.95℃ 左右，同时在此时间段城镇居民在家时间较长，相对于直接受益式太阳能建筑，附加阳光间式太阳能建筑避免了室内中午出现过热现象。

对于南向房间，附加阳光间直接增加了南向房间的受光面积，提高了太阳能的集热量。冬季，太阳高度角较低，阳光可以深入房间，透过玻璃窗进入阳光间蓄热，显著提升南向房间的温度。阳光间内的墙体和地面可以在白天吸收热量并在夜间释放，帮助南向房间保持温暖，减少供暖需求。东向房间早晨能接收到阳光，阳光间热调节提升可以帮助东向房间在早晨更快变暖，并在白天保持相对稳定的温度。北向房间通常光照不足，附加阳光间吸收及储存的太阳能热量可以在一天中逐渐释放。这意味着在太阳开始照耀西向房间之前，南向区域已累积的热量可以向北侧房间传递，减缓冷区的形成，提升整体居住舒适度。无论白天还是晚上阳光间作为缓冲空间，其温度总是高于环境温度，所以对于热量的散失起到了抑制作用。附加阳光间式太阳能建筑既增加了集热部件，又可以作为室内外的缓冲区，同时也减小了房间的冷风渗透热损失，极大地提高了与阳光间相邻房间的室内热舒适性。

相比之下，附加阳光间式太阳能建筑将屋顶、南墙和两侧墙都用透光材料覆盖，以吸收更多的太阳能并加热室内空间。这种方式不仅能够在白天提供高效的供热，还能在一定程度上缓解直接受益式建筑在晚上和夜间供热能力不足的问题。直接受益式太阳能建筑虽然在白天有较高的供热效率，但在晚上和夜间以及阴天时供热能力有限，且室内温度波动较大。而附加阳光间式太阳能建筑则通过附加的阳光间提高了整体的集热量，并能更好地应对季节变化带来的温度波动问题。

6.4 集热蓄热墙式太阳能建筑室内热环境

6.4.1 集热蓄热墙式太阳能建筑室内热平衡

集热蓄热墙式太阳能建筑是在南向实体墙外覆盖玻璃板，如图 6.4-1 所示，有的蓄热墙体上、下两侧分别开有通风孔，利用南向垂直集热蓄热墙吸收透过玻璃的太阳辐射热，并通过热传导、热对流及热辐射方式，将热量传入室内。集热蓄热墙通常是由蓄热性能好的混凝土、砖、土坯等构成。墙的外表面一般有一层黑色或某种暗颜色材料，以便有效地吸收太阳辐射。集热蓄热墙式太阳能建筑室内热平衡方程由房间空气热平衡和集热蓄热墙内表面热平衡方程联立组成，集热蓄热墙式太阳能建筑不再直接与室外环境参数进行热对流和热传导换热，而是与夹层空气进行换热，因此，明晰夹层空气热平衡关系对室内热平衡具有重要作用。集热蓄热墙通过两种途径将太阳辐射热传入室内：其一是通过墙体将热量从墙体外表面传入墙体内表面，然后通过墙体内表面与室内空气的对流换热把热量传给室内空气；其二是由被加热后的夹层空气通过和房间空气之间的对流，把热量传给房间，两种途径都可以达到供暖的目的。夏季的时候可以关闭集热蓄热墙上部的通风口，打开北墙调节窗和南墙玻璃盖层上面通向室外的排气孔洞，利用夹层的烟囱效应将室内热量排出室外，从而达到降温的目的。对于不设风口的集热蓄热墙，上述的集热蓄热墙向房间的第二项传热量等于 0。

图 6.4-1 集热蓄热墙式太阳能建筑

1. 集热蓄热墙式太阳能建筑房间空气热平衡

集热蓄热墙式太阳能建筑房间空气热平衡方程不同于未采用被动式节能措施的建筑及直接受益式太阳能建筑房间空气热平衡方程，其增加了夹层空气通过通风孔与室内空气进行自然对流换热项，图 6.4-2 为集热蓄热墙室内空气热平衡示意图，集热蓄热墙式太阳能建筑房间空气热平衡方程如下：

$$Q_c(\tau) + Q_{in}(\tau) + Q_f(\tau) + Q_a(\tau) = \Delta Q_n(\tau) \quad (6.4\text{-}1)$$

其中，$Q_c(\tau)$ 为 τ 时刻与室内所有围护结构的总对流换热量，W；$Q_{in}(\tau)$ 为 τ 时刻人、照明、辅助加热各种设备等向室内的传热量，W；$Q_f(\tau)$ 为 τ 时刻房间的冷风渗透换热量，W；$Q_a(\tau)$ 为 τ 时刻房间蓄热墙通风孔向室内的供热量，W；$\Delta Q_n(\tau)$ 为 τ 时刻室内空气显热的增量，W。

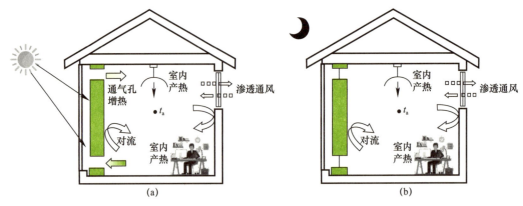

图 6.4-2 集热蓄热墙室内空气热平衡示意图

(a) 集热蓄热墙白天室内空气热平衡；(b) 集热蓄热墙晚上室内空气热平衡

$Q_a(\tau)$ 可按下式计算：

$$Q_a(\tau) = m_f(\tau) c_p [t_b(\tau) - t_a(\tau)] \tag{6.4-2}$$

其中，c_p 为空气夹层空气的定压比热，J/(kg·℃)；$t_b(\tau)$ 为 τ 时刻从上通风口流出空气夹层的空气温度，℃；$t_a(\tau)$ 为室内空气温度，℃；$m_f(\tau)$ 为单位时间内流出空气夹层的空气的质量流量，kg/s。

$$m_f(\tau) = \bar{v}(\tau) A_v \bar{\rho}(\tau) \tag{6.4-3}$$

其中，$\bar{v}(\tau)$ 为 τ 时刻流出上通风孔的空气的平均流速，m/s；$\bar{\rho}(\tau)$ 为 τ 时刻通过夹层空气的平均密度，kg/m³；A_v 为通风孔面积，m²。

白天，太阳辐射通过玻璃进入到空气夹层中，加热夹层空气，夹层空气温度高于室内温度时，通风口开启，夹层空气与室内空气进行自然对流换热。夜间，通风口关闭，夹层空气与室内空气进行自然对流，换热项 $Q_a(\tau)$ 为 0。

2. 集热蓄热墙内表面热平衡

图 6.4-3 为集热蓄热墙内表面传热示意图，与未采用被动式节能措施的建筑及直接受益式太阳能建筑的不同之处在于式（6.1-2）中围护结构导热量与附加阳光间式建筑类似，亦不再直接受室外温度影响，而是直接受夹层空气温度的影响，传热方向从夹层空气到建筑室内热环境。

3. 夹层空气热平衡

夹层空气的温度变化直接且显著地影响着建筑室内的温度水平，是调节室内温度的重要因素之一。太阳辐射通过玻璃盖板进入到夹层中，照射到涂有高吸收率的墙体外表面并吸收玻璃盖板透射的太阳光，使集热蓄热墙外表面迅速升温进而加热夹层空气，此时通风孔会以对流的方式向室内传递热量，称为通风孔对流传热量，同时集热蓄热墙体也会通过导热的方式与室内进行换热。因此，集热蓄热墙式太阳能建筑相比于传统建筑，其集热构件能够有效利用太阳辐射，从而向室内供热。夹层空气与建筑室内通过通风孔进行自然对流换热，夹层空气温度的高低直接影响到建筑室内温度。夹层温度升高，作用于集热蓄热

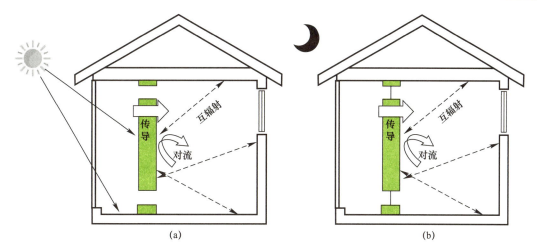

图 6.4-3 集热蓄热墙内表面传热示意图
（a）白天集热蓄热墙内表面传热示意图；（b）晚上集热蓄热墙内表面传热示意图

墙南墙外表面温度，并以导热的形式影响室内温度。因此，通过对夹层空气热平衡出发，分析太阳辐射对集热蓄热墙式太阳能建筑室内热环境的影响。

夹层空气热平衡由空气与玻璃盖板的对流换热量、空气与蓄热墙外表面的对流换热量、通风孔向室内的对流传热量、冷风渗透和夹层空气蓄热量组成。在 τ 时刻，夹层空气热平衡的数学表达式为：

$$Q_{\text{xoc}}(\tau)+Q_{\text{gci}}+Q_{\text{a}}+Q_{\text{f}}=V_s\rho_s C_{\text{ps}}\frac{\mathrm{d}t_s(\tau)}{\mathrm{d}\tau}\bigg|_{\tau=\tau_0} \tag{6.4-4}$$

其中，$Q_{\text{xoc}}(\tau)$ 为 τ 时刻夹层空气与玻璃盖板的对流换热量，W；$Q_{\text{gci}}(\tau)$ 为 τ 时刻夹层空气与蓄热墙外表面的对流换热量，W；$Q_{\text{a}}(\tau)$ 为 τ 时刻夹层空气通过通风孔向室内的供热量，W；$Q_{\text{f}}(\tau)$ 为 τ 时刻室外向夹层冷风渗透传热量，W。

集热蓄热墙式太阳能建筑通过通风孔以对流换热方式向室内传热，利用太阳辐射的热作用，夹层空气主要从与玻璃盖板进行对流换热使夹层空气温度上升后成为室内热源，并通过自然对流的方式直接影响室内温度并通过集热蓄热墙以热传导的方式向室内传热，太阳辐射进入夹层空气后，一部分照射到南向墙体，提高墙体温度，南向墙体在夹层温度和太阳辐射的综合作用下，温度升高，并通过热传导的方式传递到室内表面，室内表面进而通过与室内温度进行对流换热，影响室内温度。

6.4.2 集热蓄热墙式太阳能建筑室内热环境特征

对青海省刚察县某集热蓄热墙式太阳能建筑室内热环境进行研究，由图 6.4-4 可以看出，集热蓄热墙式太阳能建筑室内最高温度能达到 20℃，通过应用集热蓄热墙式，可以显著提高建筑室内热环境温度。由于集热蓄热墙能够有效地吸收和储存太阳能，在白天，集热蓄热墙会吸收大量的太阳辐射，并将其转化为热能储存起来。随着太阳高度角的变化，集热蓄热墙的温度也会随之变化。在正午时分，太阳辐射强度最大，集热蓄热墙的温度也会达到最高点。在夜间或阴天时，集热蓄热墙会逐渐释放储存的热量，使得室内温度保持在一个相对稳定的水平。

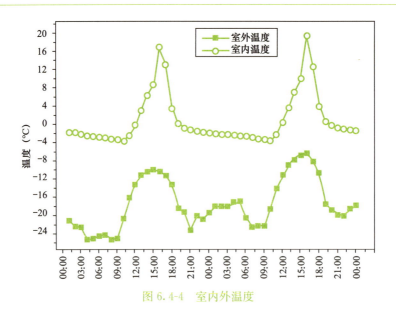

图 6.4-4 室内外温度

图 6.4-5 给出了集热蓄热墙内表面温度和室内温度变化,在白天,室内温度大于集热蓄热墙内表面温度,在夜晚,室内温度小于集热蓄热墙内表面温度。由此可以看出,集热蓄热墙白天从室内得热,夜晚向室内供热。

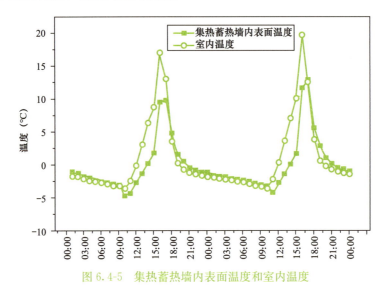

图 6.4-5 集热蓄热墙内表面温度和室内温度

朝南的房间通常会接收到更多的太阳辐射,因此在白天的温度较高。朝北的房间则较少受到太阳辐射的影响,因此在白天的温度较低,集热蓄热墙可以通过释放储存的热量来维持北向房间的温度。朝东和朝西的房间分别在一天中最早和最晚接收到太阳辐射,在一天中的温度变化相对较小,集热蓄热墙对东、西向房间主要是进行温度调节,避免极端温度的发生。

被动式太阳能建筑以其高效节能、低成本、环保可持续、适应性强和美观实用等多方面的优势,成为现代建筑设计中的重要方向之一。通过使用被动式技术以应对建筑室内热环境朝向差异和建筑室内热环境波动性，可以达到室内环境稳定，并通过适当的优化技术手段，对太阳能建筑进行优化设计，以期达到最大的能源利用效率及室内舒适要求。

6.5　本章小结

本章从建筑室内热环境成因出发，给出建筑室内表面及空气平衡公式，从时间和空间两个维度分析建筑室内热环境的特征，重点介绍了几种典型的被动式太阳能建筑技术对实现室内热环境的稳定与舒适发挥的作用。当室内无内热源时，建筑室内热增益主要来源于太阳辐射通过透明围护结构进入室内得热，太阳辐射是建筑外部的主要热源。由于太阳能的周期性波动性和不稳定性造成建筑室内热环境具有朝向差异并随着室外环境参数的波动而波动，为了充分利用太阳能资源，降低由于室外环境气象参数波动造成建筑室内热环境不均匀性，进而给出被动式太阳能建筑的3种形式即：直接受益式太阳能建筑、附加阳光间式太阳能建筑及集热蓄热墙式太阳能建筑。通过对比介绍被动式太阳能建筑室内热环境形成机理，给出被动式太阳能建筑在营造建筑室内热环境时的优点，即可有效提高建筑室内温度并能够有效解决因太阳能波动造成室内热环境朝向差异及温度波动的弊端，使建筑室内热环境趋于平稳与均匀。

第7章 建筑用太阳能集热器光热转化

之前章节在分析太阳辐射以及影响因素的基础上,探讨了建筑空间特征、热利用理论和表面特性,并关注非透明围护结构/透明围护结构的动态热过程及热转换机制,综合了不同太阳热利用技术与室内热环境管理,强调了优化建筑能效和舒适度的重要性。而太阳能集热器作为太阳能热利用的一种重要方式,也是建筑用太阳能系统中的核心部件,在太阳能供暖/热水供应系统中起到关键性的作用。提高太阳能集热器的光热转换效率对提高整个系统的性能尤为重要。本章主要针对提高太阳能集热器光热转化效率的方法和技术进行介绍,并阐述其在典型太阳能供暖系统中的设计和适用范围,为实际应用提供指导。

7.1 太阳能集热器光热转化原理

太阳能集热器的光热转换原理是将太阳辐射能转化为热能,集热器的表面通常采用高吸收率的材料(通常是黑色或深色涂层)来有效吸收太阳辐射,而当太阳辐射照射到其表面时,吸热材料将吸收的光能转化为热能,导致材料温度上升,这一过程主要通过热辐射和热传导完成,集热器中通常有流体(如水或空气)循环,这些流体在集热器内部的管道中流动,吸收来自吸热材料的热量,使流体的温度上升。

随着太阳能热利用的不断发展,太阳能集热器的种类也越来越多样化,太阳能集热器可以按照多种方法进行分类,比如根据是否有真空空间可以分为平板型集热器和真空管型集热器,根据是否聚光可分为聚光集热器和非聚光集热器等,本节主要介绍平板型集热器、真空管集热器、槽式集热器的原理及特点,并针对其共有特性阐述其光热转换原理。

7.1.1 太阳能集热器

1. 平板型集热器

平板型集热器主要部件包括吸热部件(包括吸收表面和载热介质流道)、透明盖板、隔热保温材料和外壳等部分。平板型集热器基本结构示意图如图 7.1-1 所示,太阳辐射透过透明盖板透射在吸热体上,吸热体吸收太阳辐射后温度升高,将热量传递给吸热板内的传热工质,使传热工质温度升高。

平板型集热器特点:
(1)平板型集热器介质通常为水,其集热温度一般为 50~70℃;
(2)产水量高、承压能力强,做成全封闭系统可避免杂质进入集热系统,可靠性高。且不易结垢,夏季高温季节冷热水可自由循环,无爆管现象;

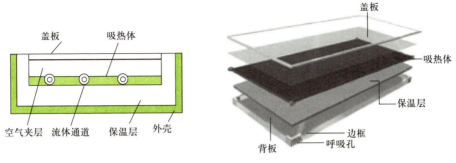

图 7.1-1　平板型集热器基本结构示意图

（3）采光面积大（可同时接收直射辐射和散射辐射）、结构简单、不需要跟踪、成本较低、运行安全、使用寿命长且使用期间维修维护费用特低（零维护）；

（4）由于白天、晚上的温度不同，集热器易产生倒流，在高温段效率偏低，表面热损失大，保温效果差，在严寒的冬天，热水器管道内的水易结冰，体积膨胀，导致管道胀裂。

2. 真空管集热器

真空管集热器是一种在平板型集热器基础上发展起来的太阳能集热装置，如图 7.1-2 所示，主要由内部的吸热体和外层的高透光玻璃管所组成，吸热体与玻璃管之间的夹层保持高真空度，当太阳光线照射到外玻璃管上，光线被吸收并转换为热能，使得管内温度升高，管内的工质（通常为水或者其他流体）受热膨胀，密度减小，从而上升到管口。同时管子底部工质温度较低、密度较大，从而下沉到管底，工质在管内形成循环。最终由内玻璃管的工质把热量带出。将吸热体与玻璃管之间抽真空可有效地抑制真空管内的工作介质与外界间的热传导和对流热损失，并从受力情况和密封角度考虑，通常将其基本单元作为圆管形状，而不是平板，真空管集热器的保温性能远超平板集热器。按照吸热体的材料可分为全玻璃真空管和玻璃-金属真空管。

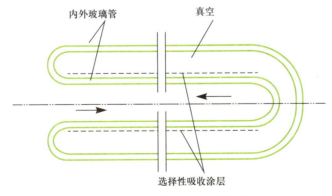

图 7.1-2　真空管集热器示意图

真空管集热器特点：

（1）高效集热：由于真空层的存在减少了热损失，可以达到更高的热水输出温度，通常为 70~90℃；

（2）保温性能好、适应性强：真空管的结构设计有效减少了热量的损失，在光照弱或者寒冷环境中仍能有效工作，保持较高的热效率，提供能稳定供应的热水，适应性更广；

（3）真空管集热器的设计使用寿命长，结构稳定，维护成本较低；

（4）真空管类集热器出厂时属于半成品，需现场安装，不易运输和安装，制造成本较高，且真空管易破裂，维护稍显复杂。对水质要求较高，需要定期清洗。

3. 槽式集热器

在聚光型集热器中，槽式集热器也可作为建筑的供暖和热水系统，通过高效聚光集热、光线增透和高效吸收转换技术，实现对太阳能的高效收集与利用。槽式集热器由高精度抛物面反射镜、高温集热管、支架构件等关键部件组成，如图 7.1-3 所示，太阳辐射入射到地球表面并照射到加装太阳跟踪装置的抛物面反光镜上，此时太阳光线便可以保持大致与抛物面垂直的角度入射到槽式抛物面反光镜上，反光镜将接收到的太阳辐射聚集到集热管表面，这样集热管便接收到了高热流密度的太阳辐射能，通过与管内介质的热传递，将管内流动介质加热，从而获得高温介质。

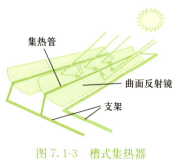

图 7.1-3 槽式集热器示意图

槽式集热器特点：

（1）高效集热：通过聚光技术，槽式集热器能够显著提高集热效率，能够将水加热到 100~200℃，满足供暖和高温热水需求。

（2）在维护频率上，槽式集热器的设计相对简单，且在正常使用条件下，维护需求较低。

（3）占地面积大，适合大规模应用，相对较长的使用寿命和低运行成本能够实现长期的经济效益。

（4）相比于传统的平板型集热器，其构造更为复杂，需要跟踪系统，且需要经过精密的制造和安装，施工难度较大，导致其成本也相对较高。

对比几种典型的集热器，其集热效率以及热损失见表 7.1-1。

不同类型集热器集热效率与热损失对比表　　表 7.1-1

项目	平板型集热器	真空管集热器	槽式集热器
集热效率（%）	50~70	70~80	60~80
热损失	较高	较低	较低

7.1.2 太阳能集热器的光热转换模型

太阳能集热器通过高吸收、低辐射涂层，将投射到集热设备表面的太阳辐射转化成热能，然后被流动的传热工质吸收并加以利用。以典型的集热器为例，其能量平衡图如图 7.1-4 所示，集热器接收到的太阳辐射，一部分被盖板吸收，另一部分透过盖板到达吸热板表面（Q_A），吸热板将吸收的太阳辐射转化为热能，其中大部分热能通过管道传递给集热工质，被集热工质带走的热量称为集热器的有用能（Q_U）。在热量传递的过程中，一部分热量由吸热板以热对流和热辐射方式传递给盖板，盖板以同样的换热方式散失到环境中，形成顶部热损失（Q_L）；另一部分热量通过侧面保温层以热传导形式传递给侧板，并以热对流、热辐射方式向环境中散失热量，集热器腔体内的空气通过侧板上的呼吸孔与环境空气进行热质交换散失部分热量，这两部分热量损失构成了侧面热损失（Q_L）；底部保温层以导热方式向背板传递热量，再经热对流和热辐射散失到环境中，此部分热量为底部热损失（Q_L）。

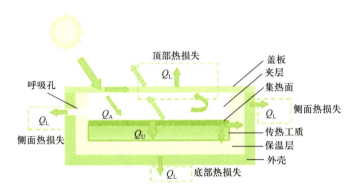

图 7.1-4　典型集热器能量平衡图

由热力学定律，热平衡下集热设备的能量平衡方程表示为：

$$Q_U = Q_A - Q_L - Q_S \tag{7.1-1}$$

其中，Q_U 为太阳能集热器的有用能，W；Q_A 为太阳能集热器吸收面吸收的太阳辐射能，W；Q_L 为太阳能集热器散失的能量，W；Q_S 为太阳能集热器自身储存的能量，W；（当系统处于稳态时，一般为 0）

(1) 穿过盖板至太阳能集热器且被吸收的太阳辐射能 Q_A 大致可被概括为式 (7.1-2)：

$$Q_A = I \cdot C \cdot A_s \cdot n \cdot \alpha_s \tag{7.1-2}$$

其中，α_s 为吸热板表面吸收率；I 为太阳辐射量，W/m²；n 为盖板有效透射率；C_s 为几何聚光比；A_s 为太阳能集热器的有效接收面积，m²。

(2) 向环境中散失的能量 Q_L 大致可被概括为式 (7.1-3)：

$$Q_L = A_1 h_s (T_c - T_s) + A_2 \varepsilon \sigma (T_c^4 - T_a^4) + A_3 \lambda_s (T_c - T_a) \tag{7.1-3}$$

其中，A_1、A_2、A_3 分别为太阳能集热器与环境进行热交换的对流换热、热辐射和热传导损失热量的有效面积，m²；σ 为玻尔兹曼常数，其值为 5.67×10^{-8} W/(m²·K⁴)；ε 为太阳能集热器界的对外发射系数；h_s 为太阳能集热器与周围的环境的对流换热系数，W/(m²·K)；λ_s 为太阳能集热器周围材料的导热系数，W/(m·K)；T_c、T_s、T_a 分别为集热设备、天空和周围环境的温度，℃。

(3) 被传热流体吸收并带走的有用能 Q_U 可表示为式 (7.1-4)：

$$Q_U = A_4 K \Delta t \tag{7.1-4}$$

其中，K 为表面传热系数，W/(m²·K)；A_4 为对流换热面积，m²；Δt 为热流体与冷流体的平均传热温差，K。

根据式 (7.1-1) 的能量平衡方程可知，为了得到更多的有用能 Q_U，主要从以下三个方面进行考虑：增加投射到集热设备且被吸收的热量 Q_A，并减少太阳能集热器对外热损失的能量 Q_L，以及采用强化换热技术增加被换热流体带走的有用能 Q_U。

7.2 太阳能集热器性能提升技术

根据式（7.1-1）～式（7.1-4），基于对平板型集热器主要部件以及传热过程的分析，提高太阳能集热器热性能可以通过提高吸热体吸收的太阳辐射能、减少太阳能集热器对外界环境的热损失以及强化吸热体与传热工质间的热交换3个方面进行优化，见图7.2-1。

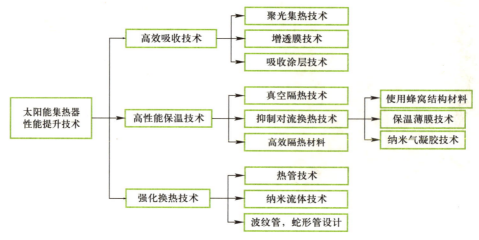

图 7.2-1　太阳能集热器性能提升技术

7.2.1 高效吸收技术

为增加投射到太阳能集热器且被吸收的太阳辐射能，第一种方法是使用聚光集热技术，将太阳辐射聚集在小面积上，增大聚光比 C，吸收更多热能；第二种方法则是使用高性能的涂层技术，可以在玻璃外表面增设增透膜，减少太阳辐射在玻璃上的折射损失从而增加盖板透射率 n；第三种方法是在吸热体表面涂高吸收/低辐射的选择性吸收涂层，吸收特定太阳光，增强表面吸收率 a。

1. 聚光集热技术

聚光太阳能集热器可以看成是由光源、聚光器和接收器组成的光学系统。光源是移动着的太阳，聚光器以反射或折射的方式把到达光孔（亦称为"开口"）上的太阳辐射集中到接收器的小面积区域上。因此，聚光太阳能集热器在接收器上可以获得比投射到光孔上的太阳辐射大得多的能流密度，达到较高的集热温度。根据聚光方式的不同，主要分为点聚焦和线聚焦，点聚焦聚光器主要有太阳灶，线聚焦聚光器主要是槽式聚光器（图7.2-2）。

下面对图7.2-3中所示的点聚焦和线聚焦的集热器的聚光比进行理论分析，聚光器光孔的面积 A_a 与接收器上接收辐射的表面面积 A_r 之比，称为聚光太阳能集热器的"几何聚光比"，或简称"聚光比"，通常以 C 表示：

$$C = \frac{A_a}{A_r} \tag{7.2-1}$$

聚光比 C 反映出聚光太阳能集热器使能量集中的可能程度，是聚光太阳能集热器的主要特征参数之一。聚光太阳能集热器产生的温度越高，则需要的聚光比越大，图7.2-2表

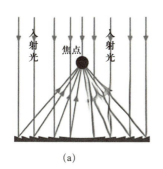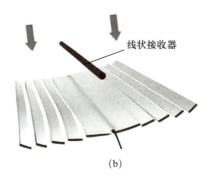

图 7.2-2 点聚焦与线聚焦聚光器示意图

(a) 点聚焦聚光器；(b) 线聚焦聚光器

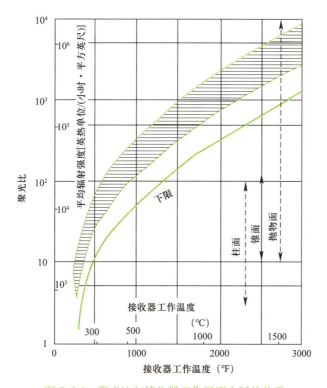

图 7.2-3 聚光比与接收器工作温度之间的关系

注：1 英热单位/(小时·平方英尺)＝11356.57W/m^2。

明了聚光比与接收器工作温度之间的关系。图 7.2-2 中的纵坐标的内侧表示接收器面上的平均辐射强度。标着"下限"字样的曲线，表示接收器处于热平衡时的能流密度（或聚光比）与接收器温度之间的关系，接收器的工作温度越高，热损失就越大。如果要在某温度下能够输出可用的能量，应当达到更大的聚光比。图 7.2-2 中的阴影区表示通常情况下良好的工作范围。

根据图 7.2-2 所示的接收器工作温度和聚光比的关系，得到几种代表性聚光太阳能集热器的最高温度运行范围和聚光比范围，见表 7.2-1。

几种聚光太阳能集热器的一般性能　　　　　　表 7.2-1

集热器形式		聚光比的范围	最高运行温度（℃）
二维集热器	复合抛物面聚光太阳能集热器（CPC）	3～10	100～150
	菲涅耳透镜聚光太阳能集热器	6～30	100～200
	菲涅耳反射镜聚光太阳能集热器	15～50	200～300
	条形面聚光太阳能集热器（FMSC）	20～50	250～300
	抛物柱面聚光太阳能集热器	20～80	250～400
三维集热器	球形面聚光太阳能集热器（SRTA）	50～150	300～500
	菲涅耳透镜聚光太阳能集热器	100～1000	300～1000
	旋转抛物面聚光太阳能集热器	500～3000	500～2000
	塔式聚光太阳能集热器	1000～3000	500～2000

2. 增透膜技术

在玻璃罩上镀一层或多层增透膜，减少反射、增强太阳光的透射强度，使更多的太阳光能达到吸热体表面，提高吸热体的吸热量 Q_A。若不考虑吸收、散射等其他因素，反射光与透射光的总能量等于入射光的能量，增透膜的作用是使反射光与透射光的能量实现重新分配，减少反射光，增加透射光。

光透过玻璃的反射、折射光路见图 7.2-4。从外界发出的光波（波长为 λ）在薄膜与空气的界面上分为反射光（r）和折射光（t）两部分，折射部分又经薄膜与玻璃的界面反射产生反射光（r'）及二次透射光（t'）。图 7.2-4 中 r_1、r_2 和 r 分别代表周围介质（空气）、单层增透膜和玻璃基片的折射率。

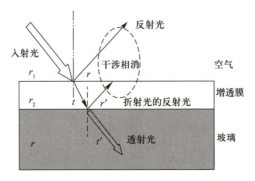

图 7.2-4　光透过玻璃及增透膜的光路图

增透膜是光学薄膜中最常用的一种，其原理是依据光的干涉原理。当光从光疏介质射向光密介质时，反射光有半波损失。对于增透膜而言，其折射率大小介于玻璃折射率和空气折射率之间，当光由空气射向界面时，使得膜两面的反射光均有半波损失，使玻璃表面的反射光和薄膜的反射光相互干涉（减少或消除），从而增加透射光的能量。

$$R_s = \left(\frac{r_2^2 - r_1 r}{r_2^2 + r_1 r}\right)^2 = \left(\frac{r_1 - r_2^2/r}{r_1 + r_2^2/r}\right)^2 \tag{7.2-2}$$

其中，R_s 为增透膜的反射率。

根据式（7.1-6），膜料对光的反射率 R_s 与膜料上、下层材料的折射率有关，当单层

增透膜的折射率 r_2 是其两侧材料折射率的几何平均值,即 $r_2=(r_1 \cdot r)$ 时,反射率 R_s 为 0,此时入射光的透射率 n 为 1。

空气的折射率为 1,一般玻璃基底的折射率为 1.47~1.57,所以理论上理想的增透膜折射率应为 1.21~1.24。一些常见的增透材料主要有硫化锌、二氧化钛、三氧化二铝、二氧化硅、氧化镁和氟化镁等,其光学参数如表 7.2-2。

几种常用增透材料的光学参数　　　　表 7.2-2

物质	折射率(%)
硫化锌	2.35
二氧化钛	1.90
三氧化二铝	1.54
二氧化硅	1.45
氧化镁	1.7
氟化镁	1.38

根据增透膜原理,降低玻璃表面的折射率,就能减少玻璃对太阳辐射的一次反射及有效反射,从而提高玻璃对太阳辐射的透过能力。从图 7.2-5 中看出,未增透玻璃平均透光率为 91.9%,采用制备的薄膜后平均透光率均明显提升,能够达到 95% 以上。

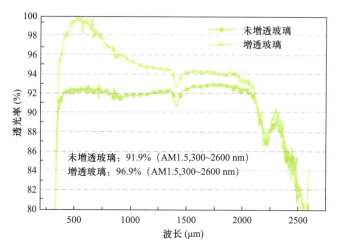

图 7.2-5　未增透玻璃与增透玻璃的透光率对比

3. 吸收涂层技术

吸收涂层在太阳能集热器中充当重要的角色,起到吸收太阳辐射、辐射红外线的作用,吸收系数越高、辐射系数越低,表示涂层的光热转换性能越好。吸收涂层利用吸收波长范围在 0.3~2.5μm 的可见光与辐射波长范围在 2.5~25μm 的红外线这一不同波长特性,在增强对太阳辐射的吸收率的同时,减少向环境的热辐射损失。光谱选择性吸收涂层或表面的平均吸收率可以通过下式计算得到:

$$\alpha_s(\theta,\lambda)=\frac{\int_{0.3}^{2.5}[1-R(\theta,\lambda)]I_s(\lambda)d\lambda}{\int_{0.3}^{2.5}I_s(\lambda)d\lambda} \tag{7.2-3}$$

其中，$\alpha_s(\theta,\lambda)$ 为涂层对太阳辐射的平均吸收率；$R(\theta,\lambda)$ 为测试温度下吸热涂层在其波长范围内的反射率；$I_s(\lambda)$ 为投射在吸热涂层上面的太阳能辐射密度，W/m²。

红外波段范围内的发射率可以通过下式计算得到：

$$\varepsilon_T(\lambda,T)=\frac{\int_{2.5}^{25}[1-R(\theta,\lambda)]I_b(\lambda,T)\mathrm{d}\lambda}{\int_{2.5}^{25}I_b(\lambda,T)\mathrm{d}\lambda} \tag{7.2-4}$$

其中，$\varepsilon(T)$ 为在温度 T 情况下涂层的发射率，即非黑体表面发射的辐射能量密度与同温下黑体表面发射的辐射能量密度之比；$R(\theta,\lambda)$ 为测试温度下吸热涂层在其波长范围内的反射率；$I_b(\lambda)$ 为黑体辐射的能量密度，W/(m²·K)。

理想的选择性吸收表面对太阳可见光和近红外光进行完全的吸收，即吸收率在此情况下为 1，对太阳的红外光完全反射，在此情形下，由基尔霍夫定律可知，理想表面涂层的发射率 ε 为 0。对太阳能热利用来说，必须使太阳能集热器吸热面具有尽可能高的太阳吸收比和尽可能低的发射率。常用的光谱选择性吸收表面主要有以下几种类型：本征吸收涂层、光干涉型涂层、半导体-金属串联涂层等。

工程中常见吸收涂层及其主要特征见表 7.2-3。

工程中常见吸收涂层及其主要特征 表 7.2-3

常见涂层类型	吸收率 α	热发射率 ε	涂层特性
黑铬涂层	0.93～0.97	0.07～0.15	热稳定性和抗高温性能很好，适用于高温条件，还具有较好的耐候性和耐蚀性，成本较高
黑镍涂层	0.93～0.96	0.08～0.15	黑镍涂层很薄，热稳定性、耐蚀性较差，通常只适用于低温太阳能热利用
黑钴涂层	0.94～0.96	0.12～0.14	主要成分是 CoS，成本低，且具有良好的选择性，但高温下容易发生氧化，致使失效
铝阳极氧化涂层	0.92～0.96	0.1～0.2	牢固、耐蚀、耐磨和耐光照，在太阳热水器中已得到广泛应用
CuO 转化涂层	0.88～0.95	0.15～0.30	涂层有一层黑色绒面，保护不好容易导致性能下降
钢的阳极氧化涂层	0.92～0.94	0.31～0.32	抗紫外线和耐潮湿性能良好
多层 AL-N/AL 选择性吸收涂层	0.92	0.06	吸收性能优良，工艺控制方便，容易控制均匀一致
PbS 涂层	0.85～0.91	0.23～0.40	涂层制备简单，但枝蔓状 PbS 会逐渐氧化变成白色 $PbSO_4$，从而失去光热转换功能，防锈能力也较差
过渡金属复合氧化物涂层（采用 Fe_3CuO_5 为颜料）	0.94～0.96	0.37～0.39	涂层成本低，性能较好，装饰性强，适合在太阳房和热水器上应用

7.2.2 高性能保温技术

由式（7.1-3）可以看出，热损失 Q_L 主要通过热传导、热对流和热辐射的方式，散失在周围大气中。因此，为了减小热损失，主要降低集热器顶部与周围环境的热损失以及透明盖板与吸热体之间空气夹层的热损失。

1. 真空隔热技术

为了减少透明盖板与吸热体之间空气夹层的热损失，可以采用真空隔热技术，将吸热体与透明盖板间的空腔抽成真空，形成真空集热管。由于真空集热管的内、外管之间为高真空，有效地阻止了热量的自然流失，几乎没有空气分子，热传导和对流传热都被极大地抑制，理想情况下它们之间只存在辐射热交换，因此热损失率非常低。国家标准规定，集热管的真空度应小于或等于 5×10^{-2}Pa，并且要求 350℃和保持 48h 的条件下，吸气剂镜面长度消失率不大于 50%。

基于相同采光轮廓面积与工艺形成的平板型集热管和利用真空隔热技术形成的真空管集热器在相同太阳辐照度下其瞬时效率见图 7.2-6，t_i-t_a 为集热器的介质温度与环境温度的差值，G 为太阳辐射（800W/m²），其交点位置为 0.076，则 $t_i-t_a=0.076\times800=60.8$℃，即当集热器内介质温度与环境温度相差 60.8℃时，平板集热器与真空管集热器瞬时效率相同（不考虑光线的反射、折射等），当温差大于 60.8℃时，真空技术发挥优势，使用真空管集热器效率较高，瞬时效率可提高约 10%。

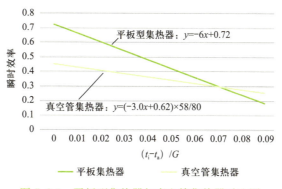

图 7.2-6 平板型集热器与真空管集热器对比图

2. 抑制对流换热技术

对于大平板而言，吸热体与玻璃盖板之间的空腔无法实现真空。平板型集热器的热量仍会通过盖板、边框、背板散失，其中盖板热量的散失占总散失量的 65% 以上。因此，可抑制盖板与空气的对流换热以减少热量散失从而改善平板型集热器的热性能。

（1）使用蜂窝结构材料：通过在太阳能集热器的吸热板与盖板之间的空腔内放置蜂窝结构材料，阻碍腔内空气的运动，抑制对流损失，降低对流换热系数 h，从而提高集热效率。蜂窝结构材料是一种与蜂巢结构极其相似的复合材料，通常由分子胶粘剂粘接制成。蜂窝结构呈现形式见图 7.2-7。

通过采用有无蜂窝、截面大小不同蜂窝的太阳能集热器，可以得出有蜂窝的太阳能集热器最高出口温度达 99℃，平均温度比无蜂窝太阳能集热器高约 5℃；且较小的蜂窝截面与较大的蜂窝高度可以得到更好的效果。对透明蜂窝结构材料进行的一系列研究的结果表明，在蜂窝孔的横截面的当量直径小于 10mm 时，只要蜂窝孔的高宽比大于 6 就可完全抑制自然对流，若采用高效蜂窝状聚四氟乙烯，则太阳能集热器效率可提高 12.1%。

（2）保温薄膜技术：为抑制盖板与吸热体之间的对流换热，也可在玻璃盖板与吸热体之间加设一层高透光率、耐高温、性能稳定的保温薄膜，如图 7.2-8 所示，以提高太

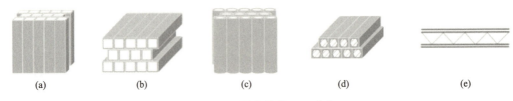

图 7.2-7 蜂窝结构呈现形式

(a) 矩形通道（垂直放置）；(b) 矩形通道（水平放置）；(c) 圆形通道；(d) 气泡形；(e) 三角形通道

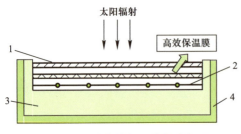

图 7.2-8 含高效保温膜的平板型
集热器结构示意图

1—玻璃盖板；2—吸热体；3—保温层；4—外框架

阳能集热器的整体效率。高效保温膜具有选择透过性，允许太阳可见光透过并阻碍吸热板向外发射的红外线透过，对吸热板向外的热辐射有削弱作用。同时，高效保温膜的设置对腔内空气具有分隔作用，有效抑制空腔内部气相热传导。

太阳能集热器常用的高效保温薄膜多为聚全氟乙丙烯（FEP/F46）薄膜。聚全氟乙丙烯（FEP/F46）薄膜导热系数为 $0.1W/(m·K)$，对波长较短的太阳辐射透射率为96%，发射率为68.9%。不同环境温度、不同太阳辐照度下对附有FEP/F46高效保温膜的集热器与无保温膜集热器运行性能对比，加膜（FEP/F4）集热器的玻璃盖板温度始终低于不加膜集热器的盖板温度，出口温度与集热效率均高于不加膜集热器，具体变化情况见图7.2-9与图7.2-10。在合理配置进口流量情形下，加膜（FEP/F46）集热器集热效率可超过70%，比不加膜集热器集热效率高出3%～12%。

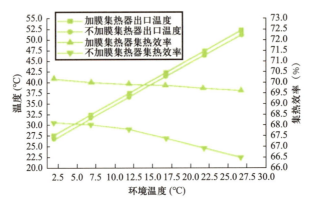

图 7.2-9 环境温度变化下加膜（FEP/F46）
集热器出口温度与集热效率变化对比

（3）纳米气凝胶技术：纳米气凝胶（简称气凝胶）材料是一种分散介质为气体的凝胶材料，是由胶体粒子或高聚物分子相互聚积构成的一种具有网络结构的纳米多孔性固体材料，见图7.2-11，该材料中孔隙的大小在纳米数量级，材料空洞率高达80%～99.8%，孔洞的典型尺寸为1～100nm，密度可低至 $3kg/m^3$，室温导热系数可低至 $0.015W/(m·K)$。在盖板与吸热体之间添加纳米气凝胶材料，当太阳光入射到透明气凝胶表面时，透明气凝

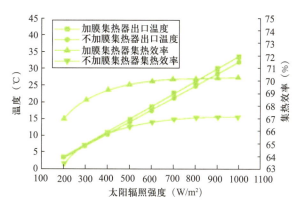

图 7.2-10　太阳辐照度变化下加膜（FEP/F46）
集热器出口温度与集热效率变化对比

胶的低折射率可以减少太阳光的反射损失，且对来自吸热板的红外散热量具有一定的吸收作用，以降低集热器辐射热损失。除此之外，纳米气凝胶特殊的多维结构使其具有的低导热系数在气凝胶隔热层内部热传导方面对集热器热损失也起到有效的抑制作用。

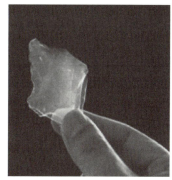

图 7.2-11　纳米气凝胶材料

图 7.2-12 给出了一种典型的透明气凝胶复合材料（CF/SiO_2，CF 为泡沫碳）的传热隔热机制。碳骨架内部包含沿碳泡沫骨架的固相热传导、辐射热传导、碳泡沫骨架内部和颗粒之间的气相热传导，当碳骨架内部被二氧化硅气凝颗粒填满时，内部辐射热传导仍然存在，但气相热传导部分被重新分为两部分：气凝胶颗粒围成铰链状结构的固相热传导和铰链状结构内部的气相热传导，如图 7.2-12 中 b、c 所示。在该种结构的热量传递过程中，减少了泡沫碳内部的气相热传导，降低了热传导效能。

部分气凝胶新型复合材料及其导热系数见表 7.2-4。

将基于四甲基硅酸基二氧化硅气凝胶研发的优化硅气凝胶单片安装在太阳能集热器中，可实现对太阳辐射能超出 50% 的传输效率，在抑制热传导、热对流和热辐射损失方面表现良好。将二氧化硅气凝胶复合材料应用于太阳能集热器，其能量吸收率可大幅增高，热损失可从 52% 下降至 36%。即使是在 1000K 的工作温度下，一个 10mm 厚的透明二氧化硅气凝胶也可使腔室接收热损失降低 22.3%，集热效率提高 4.2%。气凝胶材料的设置可大幅度减少集热器热损失，提高集热器效率，其选择和使用需根据实际情况进行判定。

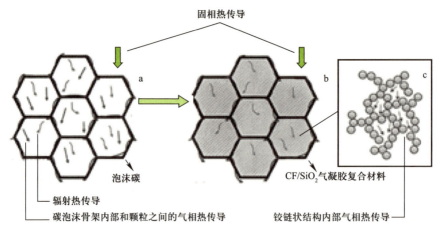

图 7.2-12 CF/SiO₂ 传热机理

部分气凝胶新型复合材料及其导热系数　　　　　　表 7.2-4

气凝胶复合材料	导热系数 [W/(m·K)]
泡沫碳（CF）气凝胶	0.035
泡沫碳和二氧化硅（CF/SiO₂）气凝胶	0.024
三氧化二铝和二氧化硅（Al₂O₃-SiO₂）气凝胶	0.049
氮化硼纳米片和聚乙烯醇（BNNS/PVA）气凝胶	0.0235
玻璃纤维增强二氧化硅气凝胶	0.026
四甲基硅酸基二氧化硅气凝胶	0.013
含有三氧化二钇（Y₂O₃）遮光剂的二氧化硅（SiO₂）气凝胶	0.080（≤727℃）
维增强铝硅复合气凝胶	0.049（≤1000℃）

3. 高效隔热材料

对于平板型集热器而言，盖板热量的散失占总散失量的 65% 以上，而通过边框和背板散失的热量也在 45% 左右。因此，在太阳能集热器的设计中，可使用导热系数低的材料来制造集热器的保温层，包裹在边框和背板周围，减缓太阳能集热器内部热量向外部环境的传递速度，以减少热量散失。表 7.2-5 给出了几种常用的隔热材料的导热系数值。

常用隔热材料的导热系数值　　　　　　表 7.2-5

材料名称	导热系数 [W/(m·K)]	材料名称	导热系数 [W/(m·K)]
真空层	0.01~0.05	聚氯乙烯	0.05~0.07
气凝胶	0.015~0.025	蓄热砖	0.06~0.1
酚醛泡沫	0.018~0.023	蓄热混凝土	0.8~1.5
聚氨酯泡沫	0.025~0.03	泡沫玻璃	0.05~0.07
聚苯乙烯泡沫	0.03~0.04	木材	0.1~0.2
矿棉	0.04~0.06	氯化聚乙烯	0.14~0.2
玻璃棉	0.03~0.05	发泡陶瓷	0.1~0.2
聚乙烯	0.03~0.05	橡胶泡沫	0.1~0.3

续表

材料名称	导热系数 [W/(m·K)]	材料名称	导热系数 [W/(m·K)]
云母	0.2～0.4	硅酸钙板	0.3～0.6
硅酸盐纤维板	0.2～0.4	聚酯纤维板	0.3～0.6
膨胀珍珠岩	0.1～0.4	硬质聚氨酯泡沫	0.03～0.07
膨胀蛭石	0.2～0.5	碳纤维	0.1～1.0
聚氨酯复合板	0.2～0.6	水泥	1.0～1.3
高密度聚乙烯	0.4～0.6		

隔热层的厚度应根据选用的材料种类、太阳能集热器的工作温度、使用地区的气候条件等因素来确定。遵循原则：材料的导热系数越大、太阳能集热器的工作温度越高、使用地区的气温越低，则对隔热层的厚度就要求越大。一般来说，底部的隔热层的厚度选用30～60mm，侧面隔热层的厚度与之大致相同。

现有太阳能集热器多采用玻璃棉、聚氨酯泡沫、酚醛泡沫、聚苯板等。设置适当的低导热率保温材料可在极大程度上降低太阳能集热器底部及四周的热损失。保温材料导热系数越低，其可减少背板及周围热损失的潜力越大，太阳能集热器集热效率提高的可能性也越大。

7.2.3 强化换热技术

强化换热技术主要是通过机械或物理方法将集热设备中更多的有用能 Q_U 提取，可以使用更高导热系数和热容量的流体作为传热介质，来提高热传递效率，主要是使用热管技术以及添加纳米颗粒形成纳米流体强化换热；或者通过优化内部流体（如水和空气）的流动路径和速度，以提高热量传递速率。将流体在集热器内部按照波纹形、蛇形路径流动，增加对流换热面积，从而提高热效率。

1. 热管技术

热管传热是利用低沸点介质的热端蒸发后在冷端冷凝的相变过程（即利用液体的蒸发潜热和凝结潜热），使热量快速传导。热管在太阳能集热器中主要有两种使用方式：①与平板型集热器结合，形成管板式结构的太阳能平板-热管集热器；②与真空管集热器结合，形成热管式真空集热器。应用方式虽有不同，但均利用潜热散热将热量通过热管快速传递给水。

常规的平板型集热器传热仅是管内的对流换热过程，而在热管式集热器中，热管通常由一个封闭的管壳、内部流体以及毛细结构组成，工作原理见图 7.2-13。主要由蒸发段、冷凝段、传输段组成。当热源加热热管的蒸发端时，管内工作流体吸收热量并被加热到沸点后蒸发，该过程会吸收大量的热能，蒸汽沿着热管内部压力差而迅速到冷凝端，当高温蒸汽到达冷凝端时，热量被散发至外部环境，蒸汽重新凝结成液体，释放潜热。凝结后的液体通过管芯回流至蒸发端，循环往复。

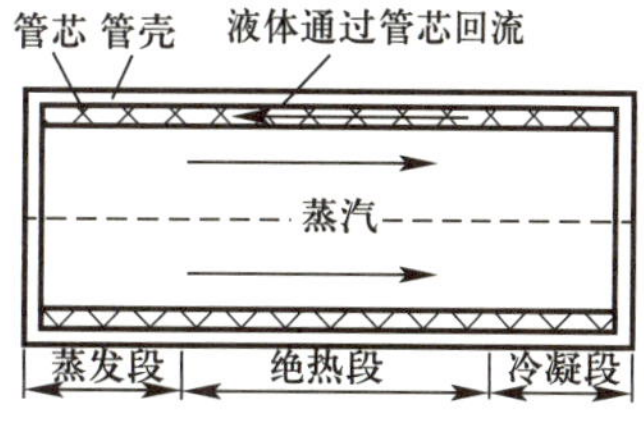

图 7.2-13 热管式集热器工作原理图

热管式集热器将热管作为传热元件，热量通过热管快速传递给水，从而实现短时间内水温迅速提升，研究表明热管式真空集热管的集热效率比全玻璃真空集热管的集热效率高出15%～20%。在夏季晴天太阳辐照度为800W/m², 蒸汽温度为130℃和100℃时, 热管式集热管集热效率分别可达0.43和0.55左右。

2. 纳米流体技术

纳米流体是将纳米颗粒（通常粒径在1～100nm）以一定的比例悬浮在液体工质中所形成的均匀、稳定的固-液悬浮混合液。与传统液体相比，纳米流体的导热性能显著提升，纳米流体强化换热技术主要通过以下几个方面来实现：

(1) 增强热导率：颗粒的布朗运动可能会使得固相之间出现热交换，引起其周围基液的微对流，强化了宏观热导率；颗粒与基液粒子的碰撞会引起热交换，增强宏观热导率，见图7.2-14 (a)。

(2) 增强对流：纳米颗粒在基液中发生聚集现象，显著改变流体的流动特性，改善对流换热性能。纳米颗粒增加了流体的黏度，同时也可以形成更复杂的流动结构，导致流体的湍流增强，增加了换热表面的传热系数，见图7.2-14 (b)。

(3) 改善界面效应：纳米颗粒表面与液体之间形成了较强的相互作用（如亲水性或疏水性效应），这些界面效应能改变流体的流动行为，并增强热传导。例如，纳米颗粒可能会增加液体的活性表面积，从而提高换热效率。

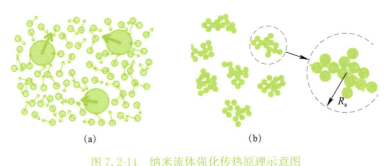

图7.2-14 纳米流体强化传热原理示意图
(a) 布朗运动原理示意图；(b) 纳米颗粒团聚示意图
注：R_a为纳米颗粒团聚形成的有效半径。

表7.2-6列出几种常用纳米流体材料在室温条件下的导热系数。室温下Cu的导热系数约为水的700倍, 约为机油的3000倍, 金属氧化物如Al_2O_3的导热系数也比单一液体大许多倍。Cu-水纳米流体（纳米颗粒径小于100nm）等通过两步法制备而成, 为了防止纳米粒子团聚, 在纳米流体中可添加极少量的脂肪酸盐分散剂。

几种常用纳米流体材料的导热系数（室温条件下） 表7.2-6

材料	Ag	Cu	Al	Si	Al_2O_3	水	乙二醇	机油
导热系数[W/(m·K)]	429	401	237	148	40	0.61	0.253	0.145

图7.2-15是不同纳米流体对集热效率的影响。当传热工质为水时, 集热效率随辐射强度的增大而减小；当传热工质为TiN-水纳米流体和Al_2O_3-水纳米流体时, 集热效率随辐射强度的增大而增大, 当传热工质为CuO-水纳米流体时, 集热效率随辐射强度的增大先减小后增大。虽然不同纳米流体集热效率的变化趋势有所不同, 但随着辐射强度的增大, 纳米流体的集热效率最终没有明显差异并趋于稳定, 集热效率最高为92%左右。

CuO-水纳米流体在不同辐射条件下的集热效率均高于水的集热效率,由此可见 CuO 纳米颗粒的集热性能较好。

3. 波纹管、蛇形管设计

波纹管的波峰与波谷之间有一定的高度,管内流动呈等直径流束型和弧形流束型导致流速和压力的周期性变化,流体流动时产生强烈扰动,使流体的流动状态达到充分湍流,从而破坏了边界层和污垢层的实际厚度,故相较于传统的直管,其传热系数有着明显提高。波纹管示意图及实物图如图 7.2-16 所示。

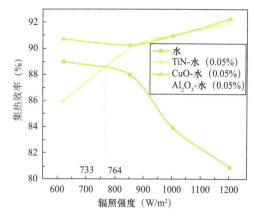

图 7.2-15 不同纳米流体对集热效率的影响

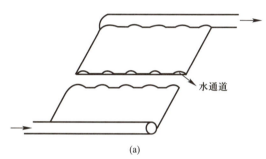

图 7.2-16 波纹管示意图及实物图
(a) 波纹管结构示意图;(b) 波纹管实物图

采用外形尺寸均为 2600mm×900mm 的波纹管集热器与平板型集热器来对比集热器性能。在测试期间两个集热器外部条件均相同。结果如下:

图 7.2-17 为波纹管集热器及平板型集热器出口温度的模拟值与实测值对比结果(夏季工况)。可以发现波纹管集热器进出口水温均高于平板型集热器。

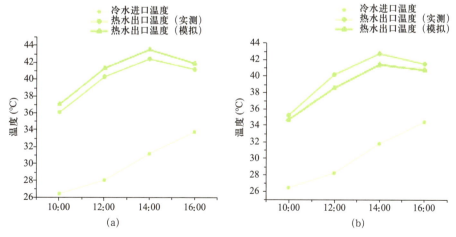

图 7.2-17 波纹管集热器及平板型集热器出口温度模拟值和实测值对比结果(夏季工况)
(a) 波纹管集热器;(b) 平板型集热器

图 7.2-18 为波纹管集热器及平板型集热器出口温度的模拟值与实测值对比结果（冬季工况）。波纹管集热器进出口水温均高于平板型集热器。具体来说，这种通过增强流体的湍流效果和改善传热性能的波纹管集热器的热效率可以比传统平板型集热器的热效率提高约 10%～21%。

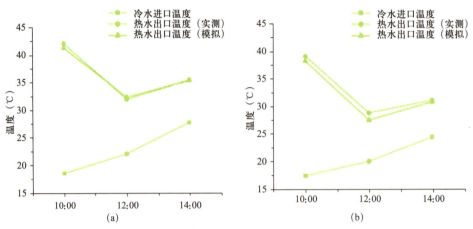

图 7.2-18 波纹管集热器及平板型集热器出口温度模拟值和实测值对比结果（冬季工况）
(a) 波纹管集热器；(b) 平板型集热器

蛇形管集热器内部设置了若干个扰流板，形成蛇形流道，这样可以延长流体在集热器内的流程以及增加对流换热面积，从而提高该集热器的集热性能。蛇形管集热器示意图及实物图如图 7.2-19 所示。

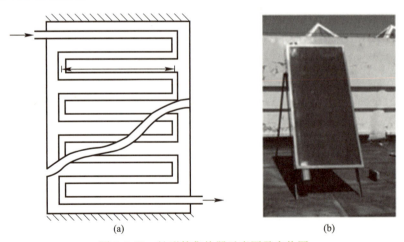

图 7.2-19 蛇形管集热器示意图及实物图
(a) 蛇形管结构示意图；(b) 蛇形管实物图

蛇形管集热器的具体参数：上流道长 2000mm、宽 940mm、高 120mm；下流道长 2000mm、宽 940mm、高 60mm。

由于蛇形管集热器空气流道的特定形式，空气在集热器内的走向呈蛇形，冷空气从进气口进入后在集热器内得到充分加热，随着流程的增加，空气的温度也逐渐上升，从而提升了集热器的集热效率。蛇形管集热器的集热效率比传统平板型集热器集热效率高

21.74%。一般来说，蛇形管集热器的热效率比传统平板型集热器的热效率高出 15%～25%，其㶲效率可高出 5%～10%。任何流量下，蛇形管集热器的热损失系数均小于传统平板型集热器（表 7.2-7）。

传统平板型集热器与蛇形管集热器各项性能参数表　　　表 7.2-7

性能参数	传统平板型集热器	蛇形管集热器
集热器出口平均温度（℃）	12.400	27.000
温差（℃）	23.780	38.380
密度（kg/m³）	1.148	1.20
比热容[kJ/(kg·K)]	1.005	1.005
空气质量流量（kg/s）	0.092	0.092
集热器热效率 η（%）	40.990	62.730

7.3　建筑中太阳能热利用设备系统

利用太阳能集热器收集太阳能并结合辅助能源来满足供暖和热水供应需求的系统，称之为太阳能供热/供暖系统。太阳能供热/供暖系统分为主动式和被动式两种，主动式太阳能供热/供暖系统，一般由太阳能集热系统、蓄热系统、末端供热系统、辅助系统以及自动控制系统构成（图 7.3-1）。系统运行过程中，集热器通过其中的热能吸收装置吸收太阳光中的热量，然后加热水箱中的水，再利用管网送到末端用户，当太阳光不足时，蓄存热量不足以达到用热需求时，辅助热源也会继续补充热量，以满足末端供暖需求。

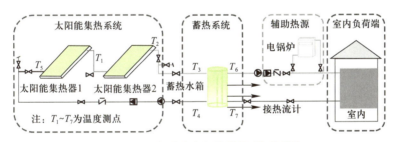

图 7.3-1　主动式太阳能供热/供暖系统

7.3.1　太阳能热利用系统

太阳能供暖系统：太阳能供暖系统主要由集热器、管网、蓄热装置、散热设备以及其他附属设备等组成（图 7.3-2）。管网是指由热源转送热媒至用户，散热冷却后返回热源的循环管道系统，附属设备包括膨胀罐、循环泵等。散热设备是将热量传至所需空间的设备，如散热器、风机盘管、地暖等，供暖系统常用的热媒是热水和蒸汽。

太阳能热水供应系统：热水供应系统由集热器、水加热器、热水管网及其附属设备等组合而成（图 7.3-3）。水加热器可以是锅炉（直接加热水），也可以是热交换器（利用蒸汽或热水等加热水）；热水管网包括热媒管道及放热后的回水管、从加热器到用水点的配水管和回水管等；附属设备有控制阀门、水泵、膨胀及放气设备等。

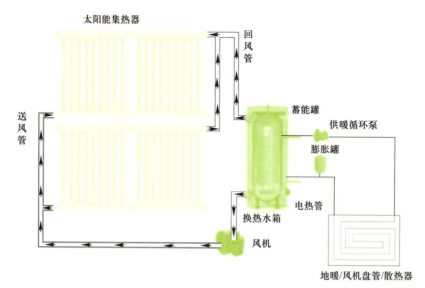

图 7.3-2 太阳能供暖系统原理图

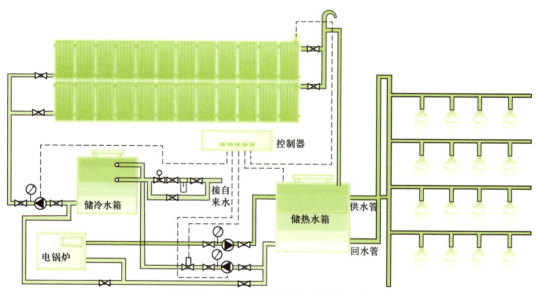

图 7.3-3 太阳能热水供应系统原理图

太阳能供暖系统和热水系统对比见表 7.3-1。

太阳能供暖系统和热水供应系统对比　　　　表 7.3-1

系统类型	太阳能供暖系统		太阳能热水供应系统	
承压性	需要承受较高的系统压力		承压要求相对较低	
封闭性要求	为了减少热量损失，常采用密闭的封闭式循环系统		可以采用开放式或封闭式系统，封闭性要求相对较低	
运行温度要求及适用集热器	低温热水辐射供暖（35～45℃）	平板型集热器、全玻璃真空管集热器、热管真空管集热器	盥洗用热水（洗脸、洗手等）（30～35℃）	平板型集热器、全玻璃真空管集热器、热管真空管集热器

续表

系统类型	太阳能供暖系统		太阳能热水供应系统	
运行温度要求及适用集热器	风机盘管供暖（50~60℃）	全玻璃真空管集热器、热管真空管集热器	沐浴用热水（淋浴、盆浴等）（35~40℃）	平板型集热器、全玻璃真空管集热器、热管真空管集热器
	散热器供暖（70~95℃）	热管真空管集热器	洗涤用热水（洗衣、洗餐具等）（60℃）	
调控方式	定温控制、温差控制、定温控制+温差循环控制、辅助热源控制		定温控制、定时控制、自动补水控制（开口系统）、压力控制（封闭系统）	
运行模式	需要能够在无太阳辐射时连续供热，通常配备较大蓄热设备		可根据使用需求间歇运行，通常配备较小的蓄热设备，无需连续运行	

7.3.2 太阳能集热设备的应用和设计

太阳能集热设备在整个系统中起到吸收太阳能（源头）的作用，是太阳能热利用系统的核心部件，其性能直接影响到太阳能热利用系统的整体性能。合理的选择及设计对太阳能系统的充分利用有着决定性的作用。太阳能供热/供暖系统设计需综合考虑建筑功能，建筑所在地的气候、纬度、日照条件等环境因素，并考虑到用户对热水/供暖的使用要求，来综合确定太阳能供热/供暖的规模及形式以及供热/供暖方式。

1. 太阳能供热/供暖系统的选择（表7.3-2、表7.3-3）

太阳能供暖系统适用类型　　　　　表7.3-2

建筑气候区			严寒地区		寒冷地区		夏热冬冷地区	
建筑物类型			低层	高层	低层	高层	低层	高层
太阳能供暖系统类型	太阳能集热	液体工质			√			
		空气	√		√		√	
	系统运行方式	直接系统					√	
		间接系统			√			
	末端供暖系统	低温热水辐射			√			
		散热器				√		
		热风	√		√			
	蓄热方式	短期蓄热						
		季节蓄热			√			

2. 太阳能集热器的选择

春、夏、秋季节不结冰，或者全年不结冰的地区适合使用平板型集热器，平板型集热器一般适用于有低温热水需求的用户使用和适合在家庭中使用，投资成本低。

冬季气温为−20~0℃的地区适合使用真空管集热器，真空管集热器具有一定的抗冻能力，适合中温到高温需求，具有较高的效率，一般适用于住宅、商业热水以及集中供

太阳能热水供应系统适用类型　　　　　　　　表7.3-3

建筑气候区			严寒地区		温和地区	
建筑物类型			小型建筑（单体式）	大型建筑（群体式）	小型建筑（单体式）	大型建筑（群体式）
太阳能热水供应系统	循环方式	自然循环	√			
		强制循环		√		
	系统形式	分布式	√			
		集中式		√		
	系统运行方式	直接供水系统				√
		间接供水系统	√			

热，但成本较高。结冰地区全年使用且不需要承压，除了高寒地区都可以使用全玻璃真空管集热器，全玻璃真空管集热器初始成本高，但长期运行效益显著。而在高寒地区一般选择热管式集热器，热管式集热器适合瞬时热水需求，初始投资高但运行效率高，对于负荷变化大的情况经济效益较好。槽式集热器最适合于集中供暖，尽管初期投资高，但在工业和集中供暖等能量需求大且稳定的项目中具有显著的长期回报。

对比部分类型集热器的特点如表7.3-4。

部分类型集热器特点对比　　　　　　　　表7.3-4

项目	平板型集热器	全玻璃真空管集热器	全玻璃U形管集热器	热管式真空集热器
抗冻	较差	较好	较好	较好
耐压	较高，一般可达0.6MPa	较低，一般不超过0.1MPa	较高，一般可达0.6MPa	较高，一般可达0.6MPa
耐热	较好	较好	较好	较好
空晒、闷晒	较差	较差	好	好
经济性	最高	较高	较高	较低
可靠性	较差，一处破裂导致系统漏水	较高	较高	较高
与建筑结合	较好	较差	较差	较差

太阳能供热/供暖系统是一个四季运行的系统，当太阳能集热器与管道内温度低于0℃时，管道容易因水结冰体积膨胀而胀裂损坏，因此在冬季室外温度低于0℃的地区需考虑防冻措施，除此之外，在夏季温度较高时还应该考虑过热问题。除了在系统选型时选用适合当地气候的太阳能集热器外，还必须采取一些防冻、防过热措施。

防冻措施：①太阳能集热器回路传热工质采用防冻液；②不使用系统时，应将系统内部排空，以防止水分结冰；③夜晚利用蓄热水箱中的热水回流至太阳能集热器防冻；④在可能结冰的联箱或者管道敷设电热带防冻。一般防冻措施执行的温度为3~4℃，对于自然循环系统和直流式一般采用手动排空方式防冻。

防过热措施：目前太阳能集热器的防过热措施主要有降低集热器吸收的太阳辐射量和增加集热器向外界环境的散热量两种方式。在集热器过热时，用遮光材料对集热器进行遮挡，可以减少集热器吸收的太阳辐照量，降低集热器温度，此外，还有设置集成的废热回收系统以及集热器外壳通风等方法，这些方法一般较为复杂，并且大多需要在集热器中额外增加循环回路、风机、恒温阀等组件。除此之外，解决系统过热还可以通过集热器排空、集热器闷晒运行、设计散热系统等以保证系统在安全温度下运行。

总之，系统性设计、建筑融合、能耗最优化和可持续发展是太阳能集热系统应用于建筑的关键原则，通过遵循这些应用原则，太阳能集热器在太阳能供热/供暖系统中能够实现高效、可靠和经济的运行，促进可持续能源利用和环保发展。

7.4 本章小结

在太阳能集热设备中，将太阳辐射转换为热能的装置即为集热器。本章首先阐述了几种常用的太阳能集热器以及集热器的传热过程以及其相应的热损失。随后阐述了提高太阳能集热器性能、减少热损失的一些关键技术。

在实际应用中，太阳能集热器集热部件吸收表面的辐射性能对其集热性能有着重要影响。为了增强太阳能集热器集热能力，可以从提高太阳能集热器表面吸收太阳辐射的能力、减少热损失以及强化吸热体与传热介质间的热交换等方面入手。增强太阳能集热器表面吸收太阳辐射能力可以使用聚光聚热技术，添加增透膜以及使用高吸收、低辐射的涂层等方法，来增强太阳辐射的转换效率；在降低表面热损失方面主要包含以下 3 个方面：真空隔热技术、使用蜂窝结构材料或者纳米气凝胶等来抑制对流换热、使用高效隔热材料；最后则是强化换热技术，在换热流体中使用热管技术或者添加纳米微粒等提高热传递效率，或者通过改变集热器流道结构来增强换热面积等方法提升热传递速率。

将太阳能集热器及系统应用于建筑供热/供暖中时，首先要考虑到这些设备的太阳能光热利用效率及其影响因素，在此基础上让太阳能集热器尽可能地获得充足的太阳辐射量。其次使用太阳能集热器时还应该考虑：当地的气候条件和环境，根据不同的使用需求合理确定太阳能集热器的系统选型；考虑太阳能集热器的安装位置和形式；考虑系统后期的维护，尽可能地将太阳能集热器与建筑的使用功能相结合，这也成为未来太阳能集热器发展的重要方向。建筑中通过使用太阳能集热器来收集、储存并输配太阳能转换的热量，并通过控制系统中的各部分从而达到所需室温，这种方式灵活性高但也增加了能源和材料的消耗，实际应用中还需要结合被动式太阳能供暖，相关内容在第 8 章进行阐述。

第8章 被动式太阳能热利用与工程案例

被动式太阳能热利用技术不采用特殊的机械设备，利用热传导、热对流和热辐射的方式将太阳能转化为热能并自然流经建筑物，从而达到供暖效果，显著地降低了能源消耗和运行成本。在设计与建造阶段，被动式太阳能构件被融入建筑本体之中，实现了一体化设计、一体化建造，被动式太阳能构件成为太阳能建筑不可分割的一部分。被动式太阳能建筑设计在不影响建筑整体风貌情况下，实现了稳定高效的太阳能收集、转化与利用。被动式太阳能构件能够为建筑提供源源不断的热能，大大降低了长期运行的成本与负担，具有"一劳永逸"的供暖效益。

本章将重点对被动式太阳能热利用技术的适宜性进行分析，首先确定被动式太阳能热利用技术的适宜性分区，其次介绍被动式太阳能热利用技术应用中的设计原则和关键设计要点，最后选取太阳能学校建筑、太阳能窑居建筑以及牧民定居点被动太阳能建筑作为典型工程案例，从技术思路、技术方案及实际应用效果等方面进行介绍与分析。

8.1 被动式太阳能热利用技术适宜性及设计要点

8.1.1 技术适宜性分析

1. 地区气候适宜性

被动式太阳能供暖的技术适用性与气候密切相关，这种联系的核心在于两个关键气象要素：太阳辐射和环境温度。太阳辐射资源是被动式太阳能热利用技术的基础，由于纬度、海拔、云量、大气透明度等多种因素的影响，不同地区接收到的太阳辐射量存在显著差异。在太阳辐射丰富的地区，利用被动式太阳能热利用技术能够更有效地收集并转化太阳能为热能，满足建筑供暖需求。而在太阳辐射较弱的地区，被动式太阳能热利用技术的应用效果会受到明显限制。另外，地区环境温度条件直接影响了建筑热需求，进而决定了被动式太阳能热利用技术的适用性。冬季室外气温较高或室外气温处于低温持续时间短的地区的建筑热需求相对较低，采用被动式太阳能供暖易造成资源浪费及夏季过热问题。因此，被动式太阳能热利用技术的使用应充分考虑地区气候特征和建筑热需求。

我国地域辽阔，各地区气候差异大，可根据各地区气候特征和建筑热需求对被动式太阳能热利用技术进行适宜性区划。采用最冷月的平均南向辐射温差比作为被动式太阳能供暖气候适宜性分区指标，采用采暖度日数作为建筑供暖热需求指标。最冷月的平均南向辐射温差比及采暖度日数分别如式（8.1-1）和式（8.1-2）所示。

$$\overline{HT} = \overline{H}/(T_i - T_a) \tag{8.1-1}$$

其中，$\overline{HT}$ 为最冷月的平均南向辐射温差比，$W/(m^2 \cdot ℃)$；$\overline{H}$ 为投射在窗户（集热部件采光口）表面的平均太阳辐照度，W/m^2；T_i 为室内设计温度，℃；T_a 为最冷月室外空气平均温度，℃。

$$HDD = \sum_{n=1}^{nd}(T_b - \overline{T}_a)_n^+ \tag{8.1-2}$$

其中，HDD 为采暖度日数，℃·d；nd 为统计天数；T_b 为室内基础温度，℃；$\overline{T}_a$ 为室外日平均温度，℃；"+"表示只取 $(T_b - \overline{T}_a)_n$ 的正值。

使用《中国建筑热环境分析专用气象数据集》中的典型气象年逐时气象参数，以全国270个地面气象台站1971~2003年的实测气象数据为基础，对我国270个气象台站的典型气象年气象参数进行理论分析和计算，选择各台站月平均温度最低的月份作为最冷月。根据最冷月室外空气平均温度和南向垂直面总辐照度，求得各气象台站所在地区的最冷月南向辐射温差比。根据不同台站全年的日平均干球温度，选出室外日平均温度低于15℃的天数并进行叠加，可求得各气象台站所在地区的采暖度日数。

根据最冷月南向辐射温差比值对我国进行被动式太阳能供暖气候分区，分为五类地区：最佳适宜区（Ⅰ区）、高适宜区（Ⅱ区）、较适宜区（Ⅲ区）、一般气候区（Ⅳ区）和不适宜区（Ⅴ区），各区域的最冷月南向辐射温差比范围为：Ⅰ区：10.45~289.01$W/(m^2 \cdot ℃)$；Ⅱ区：6.80~10.25$W/(m^2 \cdot ℃)$；Ⅲ区：4.51~6.67$W/(m^2 \cdot ℃)$；Ⅳ区：3.047~4.49$W/(m^2 \cdot ℃)$；Ⅴ区：-755.1~2.92$W/(m^2 \cdot ℃)$。利用以15℃为基础温度的采暖度日数对我国被动式太阳能供暖建筑热需求进行分区，分为高需求（A区）、中需求（B区）、低需求（C区）三类地区，各区域的数值范围为：A区：3981.58~7063.28℃·d；B区：1967.22~3909.12℃·d；C区：93.97~1852.22℃·d。综合被动式太阳能供暖气候分区结果和被动式太阳能供暖热需求分区结果，得到了考虑建筑供暖需求的被动式太阳能供暖气候适宜性分区，将我国分为九类地区，各区域的主要城市见表8.1-1。

考虑建筑供暖需求的被动式太阳能供暖气候适宜性分区的主要城市　　表8.1-1

区域	主要城市
Ⅰ-B区：中需求最佳适宜区	拉萨、绥德、洛川、林芝、格尔木、东胜
Ⅱ—A区：高需求高适宜区	大柴旦、红原、朱日和、刚察、托托河、玉树、囊谦、索伦、二连浩特、海力素、林西、冷湖、呼玛、达尔罕联合旗、多伦
Ⅱ—B区：中需求高适宜区	侯马、莒县、哈密、银川、盐池、敦煌、西峰镇、定边、昌都、甘孜、吉兰太、伊宁、阿克苏、和田、民丰、固原、玉门镇、民勤、平凉、天水、兴城、大连、额济纳旗、巴音毛道、鄂托克旗、太原、怀来、乐亭、饶阳、北京、铁干里克、榆社、乌拉特后旗
Ⅲ—A区：高需求较适宜区	和布克赛尔、齐齐哈尔、长春、西乌珠穆沁旗、曲麻莱、玛多、理塘、嫩江、克山、佳木斯、绥芬河、白城、前郭尔罗斯、满洲里、化德、张北、乌鞘岭、富裕、肇州、东乌珠穆沁旗、阿巴嘎旗、阿勒泰、巴林左旗
Ⅲ—B区：中需求较适宜区	卢氏、惠民县、龙口、成山头、石家庄、九龙、四平、辽宁朝阳、锦州、丰宁、密云、吐鲁番、马尔康、赤峰、库车、喀什、酒泉、延安、德钦、大同、原平、介休、天津、焉耆、塔城、若羌、莎车、西宁、榆林

续表

区域	主要城市
Ⅳ—A区：高需求一般气候区	鸡西、合作、都兰、兴海、富锦、安达、通河、尚志、牡丹江、敦化、东岗、延吉、临江、富蕴、孙吴、达日、漠河、海伦、图里河、海拉尔、博克图、阿尔山
Ⅳ—B区：中需求一般气候区	彰武、营口、丹东、扎鲁特旗、开鲁、承德、克拉玛依、精河、乌苏、榆中、岷县、民和、松潘、新民、沈阳、本溪、宽甸、呼和浩特、通辽、兰州、潍坊、巴楚
Ⅴ区：不适宜区	锡林浩特、哈尔滨、重庆（沙坪坝）、桐梓、毕节、遵义、乌鲁木齐、元江、勐腊、海口、东方、琼海、龙州、汕尾、阳江、电白
Ⅰ、Ⅱ、Ⅲ-C区：低需求适宜区	钦州、增城、汕头、百色、灵山、思茅、广州、河源、临沧、澜沧、蒙自、桂平、南宁、丽江、楚雄、昆明、西昌、会理、福州、上杭、崇武、厦门、腾冲、都安、梧州、南雄、建瓯、河池、韶关、赣州、南平、永安、洪家、吕泗、桂林、郑州、驻马店、商丘、遂川、亳州、屯溪、杭州、温州、南京、武都、安康、信阳、南昌、桐城、定海、淮阴（清江）、上海、威宁、麻城、吉安、西安、绵阳、泸州、常德、老河口、南阳、宜春、玉山、衢州、邢台、贵阳、成都、乐山、万源、石门、吉首、长沙（望城）、株洲、武冈、郧西、宜昌、安阳、兖州、霍山、合肥、赣榆、运城、兴义、南县、零陵、常宁、钟祥、武汉、济南、景德镇、南城、寿县、蚌埠、安庆、东台、宜宾、徐州、汉中、三穗、酉阳、南充、芷江、鄂西

2. 不同功能房间适用的被动式技术

不同类型被动式太阳能技术的适宜性主要与建筑类型和功能有关。直接受益式太阳能建筑通过南向窗户直接接收太阳辐射，太阳辐射照射进室内后，室内迅速升温，而当太阳辐射减弱或消失时，室内温度又迅速下降，室温波动性大，并且直接受益窗在夜间热损失大，因此直接受益窗最适用于白天需要供暖的建筑或房间，如办公室、客厅等。对于附加阳光间式太阳能建筑，附加阳光间不仅提供了额外的空间（如休闲区、工作区等），与直接受益窗相比，附加阳光间能够形成一个热缓冲区，减少建筑南向的热损失，并在一定程度上减缓室内温度的波动。对于集热蓄热墙来说，其具有良好的热惰性和蓄热性能，能够在白天吸收并储存太阳辐射的热量，然后在夜间或阴天时缓慢释放，从而保持室内温度的相对稳定。因此，集热蓄热墙适用于全天需要供暖的建筑或房间，如宿舍、卧室等。因此，被动式太阳能热利用技术的选择应充分考虑建筑和房间的使用功能。

8.1.2 设计原则与要点

1. 设计原则

与主动式太阳能供暖系统相比，被动式太阳能构件一次性投资较小，无需运维费用，且操作简便灵活，因此在我国北方供暖区域应用十分广泛。被动式太阳能建筑设计须满足下列基本原则：

（1）被动式太阳能建筑的设计应遵循"因地制宜"，并与建筑外貌形式相协调的原则。首先，应结合被动式太阳能供暖气候适宜性区划来抉择是否采用被动式太阳能技术，其次，应根据所在地区的气候特征、资源条件、技术水平、经济条件和建筑的使用功能等要素确定采用何种被动技术形式；最后，被动式太阳能建筑的外表应与周围建筑群体相协调，同时须兼顾建筑形式、使用功能和太阳能供暖方式三者之间的相互关系。

（2）被动式太阳能建筑的设计应遵循太阳辐射最大化收集与利用的原则。应避免太阳能建筑与其他建筑或障碍物之间的遮挡并留有充足的日照间距；南向应设有足够数量的集热表面，尽可能多地获得太阳辐射热；太阳房的平面布置及其集热面应朝正南，偏离南向角度仅允许在±15°以内；建筑造型宜规整紧凑，避免建筑本身的突出物（如挑檐、突出外墙外表面的立柱等）对集热面的遮挡。

（3）被动式太阳能建筑的设计应遵循尽可能降低向外部环境散热的原则。为保障有限太阳能集热量得到充分高效利用，要求被动式太阳能建筑的围护结构具有良好的保温性能；规划选址不要选择凹地，避免冬季冷气流形成对建筑物的"霜洞效应"；在不影响被动式太阳能建筑使用功能的情况下，应尽量减小房屋高度从而减少散热面积。

（4）被动式太阳能建筑的设计应遵循尽可能减少室温大幅度波动的原则。被动式太阳能建筑中应设置相应的蓄热结构，围护结构宜采用混凝土、石块等重质材料，良好的蓄热性能有利于抑制太阳辐射变化引起的室温波动，保证建筑良好的热稳定性；被动式太阳能集热构件的选择应考虑不同用途房间的使用特点，对使用时间集中在夜间的房间，应优先选用蓄热性能较好的集热构件。

（5）被动式太阳能建筑的设计应遵循冬季供暖与夏季降温相协调的原则。被动式太阳能构件在满足建筑冬季供暖需求时，容易产生夏季室内过热问题，被动式太阳能建筑设计应结合当地气候条件，兼顾透明围护结构遮阳、通风降温等相关设计要求。

2. 设计要点

被动式太阳能热利用技术设计过程中，除了遵循上述设计原则外，对于直接受益窗、集热蓄热墙、附加阳光间等不同被动式太阳能热利用构件还应考虑以下关键设计要点，确保被动式太阳能集蓄热构件能够最大化发挥供暖效益。

（1）直接受益窗设计要点

1）面积设计：南向直接受益窗的面积应足够大，应能满足供暖期60%~80%的热量需求；试验表明，南向窗墙比的加大有利于降低供暖能耗，这说明南向外窗是净得热构件，所以在建筑结构允许的条件下应尽量加大窗墙比，不同气候条件下南窗面积大小确定可参见表8.1-2。

不同气候条件下南窗面积　　　　表8.1-2

冬季平均室外温度（℃）	每平方米地面所需南窗面积（m²）
−12	0.27~0.42
−9	0.24~0.38
−6	0.21~0.33
−4	0.19~0.29
−1	0.16~0.25
2	0.16~0.25
4	0.13~0.21
7	0.11~0.17

2）热工设计：南窗玻璃层数宜采用双层玻璃设计，以降低夜间或无日照时的热量损失；窗墙结合处和开启窗周边应采取密封措施；为防止夜间热量散失，应设计夜间保温措施。

3）遮阳设计：由于开口面积大，白天光线过强，对于视线处于水平的工作场所极易形成不舒适眩光，在设计时应采取室内外遮挡措施来避免阳光直射，如采用遮阳板，安装百叶窗帘等方式；严寒地区建筑南向外窗的遮阳措施不应降低冬季日照得热；寒冷地区建筑东、西、南向外窗的遮阳措施应兼顾冬季日照得热及夏季遮阳的要求，通过模拟计算，优化设置。

(2) 集热蓄热墙设计要点

1) 热工设计：根据当地地域性和气候特点，选择合适的集热蓄热墙厚度和材料，一般宜选用厚度为240mm的砖墙或厚度为300mm的混凝土；选择恰当的透光盖板的材料、层数，集热蓄热墙的透光盖板可用2层3mm厚的平板玻璃做透光材料，同时设计边框构造时应便于盖板的清洗和维修。

2) 结构设计：集热蓄热墙的整体以及透光材料与集热蓄热墙之间的构造设计，应保证严密、不透气，且要选择恰当的空气间层宽度，其距离宜为60～80mm；合理确定集热蓄热墙通风口的位置、面积，设有通风口的集热蓄热墙，其单排通风口面积宜按集热蓄热墙空气夹层中空气流通截面积的70%～100%设计；集热蓄热墙的设计应便于日后管理、清洗与维修，要考虑风门止回阀的设置，防止热量逆循环和灰尘进入；应注意夏季排气口的设置，以利用通风降温来防止夏季过热。

3) 吸热涂层设计：应选择吸收率高、耐久性强的吸热涂层，吸热涂层要求附着力强、无毒、无味、不反光、不脱落、耐候性强，要求对太阳光的法向吸收率大于0.88，其颜色以黑、蓝、棕、绿为好。

(3) 附加阳光间设计要点

1) 尺寸设计：南向附加阳光间的开窗面积在不受结构限制的条件下，应取最大值。附加阳光间示意图见图8.1-1。屋檐突出长度A通常根据结构要求确定，取最小值，以保证最冷月份屋檐不对玻璃造成遮挡，因此A的取值应符合式（8.1-3）：

$$A \leqslant B/(\theta+5) \tag{8.1-3}$$

其中，B为阳光间开窗长度；θ为当地冬至日正午太阳高度角。

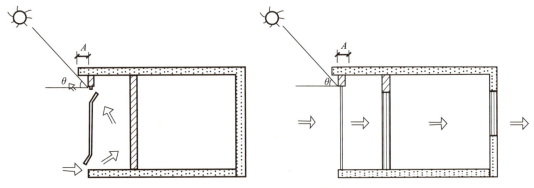

图8.1-1 附加阳光间尺寸设计

2) 结构设计：附加阳光间的顶部以及两侧不宜开窗或做成透光面，平面设计宜采用"抱合式"平面布置。两侧开窗在寒冷地区冬季的热损失通常大于得到的热量，夏季西侧开窗会造成室内温度过高。附加阳光间顶部开窗会在夏季使房间过热，并且容易积灰、难以清扫，阻滞阳光通过，在冬季会成为主要失热面。

附加阳光间与相邻房间之间的公共墙的门、窗开孔率不宜小于公共墙总面积的12%；

一般附加阳光间公共墙门、窗面积之和，宜为公共墙总面积的 25%～50%，在此范围内，附加阳光间的供热效果能满足室内的基本要求，又具有适当的蓄热效果。

3）热工设计：附加阳光间公共墙和地面宜采用重质材料，可以缓解房间昼夜温度波动过大的问题，重质墙体及地面的面积与透光面积之比不宜小于 3∶1，砖砌体厚度可为 120～370mm，若附加阳光间采用轻质材料建造，宜采用保温隔热墙作公共墙，避免室内温差过大。

应根据当地冬季采暖度日数和太阳辐射量的大小合理确定透光外罩玻璃层数及夜间保温措施。通常，在采暖度日数小、太阳辐射量大的地区宜用单层玻璃加夜间保温装置；在采暖度日数大、太阳辐射量小的地区宜用双层玻璃加夜间保温装置；在采暖度日数大、太阳辐射量大的地区宜用一层或二层玻璃加夜间保温装置。

附加阳光间公共墙体和地面表面颜色宜采用阳光吸收系数大和长波发射率小的颜色，轻质材料表面颜色对阳光间热环境影响较小，若阳光间种植植物，阳光直射不到的死角宜为浅色。

4）遮阳隔热设计：采取有效的遮阳、隔热和通风措施，防止夏季过热。如，采用外遮阳；在外罩玻璃层开设通风窗，通过对流使阳光间温度降低；当房间设有北窗，可利用公共墙门、窗及阳光间外罩玻璃开窗的穿堂风进行排热。

8.2 太阳能学校建筑

8.2.1 工程概况

地掌镇中心小学被动式太阳能学校建筑位于陕西长武县，冬季供暖室外计算温度为 −6.5℃，年极端最低气温为 −19.4℃。供暖期从 11 月初至次年 3 月中旬，共计 130 余天。长武县属于太阳能资源较丰富区，全年太阳辐射量约为 4800MJ/m^2，年平均日照小时数约为 2200h。学校建筑为两层砖混结构，占地面积 416m^2，总建筑面积为 833m^2，建筑高度为 7.55m，如图 8.2-1 所示。

图 8.2-1　陕西省长武县地掌镇中心小学

8.2.2 工程技术方案

1. 技术思路

西北地区太阳能资源丰富,利用被动式太阳能热利用技术改善中小学校建筑室内热环境,具有良好的经济、环保效益。由于中小学校各类建筑的功能需求及运行模式各异,而且不同被动式太阳能技术所营造的热环境特征具有差异性,因此不同类型被动式太阳能技术的适宜性不同,寻求各类学校建筑适宜的被动式太阳能技术是被动式太阳能技术在中小学推广应用的前提。为了掌握不同类型被动式太阳能技术营造室内热环境的效果,分析得出不同类型被动式技术的适宜性,将常见的直接受益式、附加阳光间式、集热蓄热墙式三种被动式构件同时建设于同一栋建筑中进行性能对比分析。

2. 技术方案

如图 8.2-2 所示,建筑为南北朝向,设计同时采用直接受益式、附加阳光间式和集热蓄热墙式 3 种主要的被动太阳能热利用技术。建筑西侧房间阳台外墙设置较大开口窗户,形成附加阳光间的效果;建筑中间部分房间采用集热蓄热墙,建筑东侧房间采用直接受益窗。直接受益窗为 2.1m×2.1m 的塑钢单层玻璃;集热蓄热墙南立面玻璃幕墙尺寸为 3.3m×3.3m,玻璃幕墙距离外墙有 0.08m 厚空气层,上通风孔为 0.36m×0.30m 东西对称的进风口,下通风孔为 0.60m×0.36m 的位于墙面中心处的出风口,玻璃窗为 2.1mm×1.5mm 的单层玻璃塑钢窗;附加阳光间长 3.3m、宽 1.5m、高 3.3m;南立面有尺寸为 2.1m×2.1m 的单层玻璃。

图 8.2-2 被动式太阳能教职工宿舍

8.2.3 室内热环境测试

测试期间室外空气温度、水平面太阳辐射强度见图 8.2-3。在测试期间,室外空气温度最大值仅为 5℃,最小值为 −11.5℃,平均温度为 −3.2℃;水平面太阳辐射强度最高可达 540W/m², 日平均日照小时数为 10h。由此可见，该地区冬季室外温度低，供暖需求高；而太阳能资源较为丰富，可利用太阳能供暖。

图 8.2-4 显示了附加阳光间式太阳房、集热蓄热墙式太阳房和直接受益式太阳房室内温度，并与无被动式供暖房间的室内温度进行了对比。由图 8.2-4 可知，采用被动式供暖技术的太阳房室内温度均高于无被动式供暖房间的室内温度，被动式太阳房能较好地改善室内热环境。附加阳光间式太阳房白天室内最高温度可达 11.5℃，最低温度为 8℃，平均温度为 9.1℃，其全天温度均不超过 12℃。集热蓄热墙式太阳房最高温度为 16.8℃，最低温度为 8.2℃，平均温度为 11.7℃，其房间温度超过 12℃的日平均小时数为 8h，约占全天时间的 33%。直接受益式太阳房最高温度为 16.9℃、最低温度为 7.2℃，平均温度为 9.6℃，其房间温度超过 12℃的日平均小时数的 3.9h，约占全天时间的 16%。

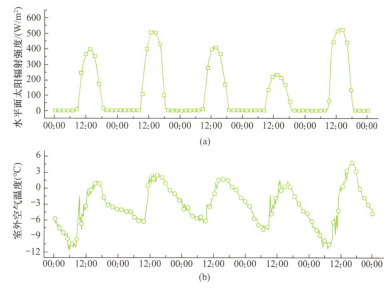

图 8.2-3　室外气象参数测试图（1月9日～1月13日）

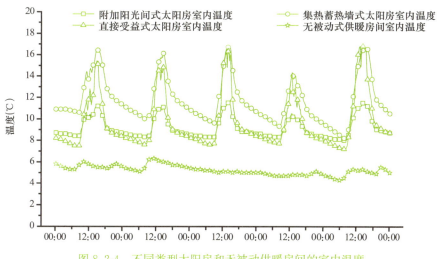

图 8.2-4　不同类型太阳房和无被动供暖房间的室内温度

由图 8.2-4 可知，集热蓄热墙式太阳房室内平均温度最高，且室内温度波动相对较小，而直接受益式太阳房昼间室内温度虽然也较高，但温度波动更剧烈；附加阳光间式太阳房室内温度变化幅度最小，其室内温度也最低，全天不超过 12℃，但附加阳光间太阳房夜间室内温度高于直接受益式太阳房。这主要是由于集热蓄热墙蓄热性能好，且受建筑结构限制程度小，南向集热面积大，白天部分集热量通过通风孔送入室内，另一部分热量蓄存下来，在夜间延缓室内温度的下降。因此，由测试结果分析可知，对于集中于夜间使用的中小学教职工宿舍建筑而言，集热蓄热墙式被动式太阳能构件的供暖效果更好。

8.3 太阳能窑居建筑

8.3.1 工程概况

新型窑居建设于距离延安市区西北 7km 处的西北川地区的枣园村，图 8.3-1 为枣园村部分新型窑居的建成外貌。该地区冬季寒冷，冬季供暖室外计算温度为 $-10.3℃$，年极端最低气温为 $-23℃$。日平均温度小于或等于 5℃ 的天数达 130d，供暖期从 11 月初至次年 3 月中旬。延安市处于黄土高原核心地带，属于太阳能资源较丰富区，全年太阳辐射量约为 $5000MJ/m^2$，年日照时数约为 2400h，为建筑中太阳能热利用提供了良好的资源条件。

图 8.3-1 枣园村部分新型窑居的建成外貌

8.3.2 工程技术方案

1. 技术思路

窑洞民居是我国黄土高原地区独有的一种建筑类型，常见的窑洞类型有靠山窑、天井式窑洞、锢窑等，其典型特征是外围护结构属于重质型结构，具有热惰性好、热容量大的特点，因此窑洞民居具有冬暖夏凉的特性。由于西北地区冬季气候较为寒冷，虽然窑洞民居具有较为良好的建筑热环境基础，室内温度较室外温度明显提升，但是窑洞民居冬季室内自然温度仍相对较低，难以达到人的舒适室内温度水平，因此窑洞民居室内热环境仍需进一步改善。

窑洞民居冬季提升室内温度的传统做法一般是烧火炕，但是这种方法易产生烟尘，节能环保性差。而西北地区太阳能资源较为丰富，在建筑热环境基础较为良好的情况下，只需通过太阳能热利用技术补充部分热量，就能满足窑洞民居室内热环境需求。被动式太阳能热利用技术简单、经济、管理方便,并且窑洞民居良好的热惰性能够有效蓄存太阳能热量从而提升室温并避免太阳辐射波动引起的室内温度的剧烈波动。因此,结合窑洞民居建筑特征,采用被动式太阳能热利用技术能够有效提升窑洞民居建筑室内热环境。

2. 技术方案

从广义上讲,改善建筑热工水平、合理构造建筑空间布局、被动式太阳能利用都属于建筑中被动式太阳能热利用的范畴。因此,新型窑居建筑设计基于相关技术设计理念,延续了原窑洞的生态特性,并通过建筑空间布局、建筑热工节能设计、被动式太阳能利用技术,提升了窑居的室内环境品质。新型窑居技术方案原理见图 8.3-2。

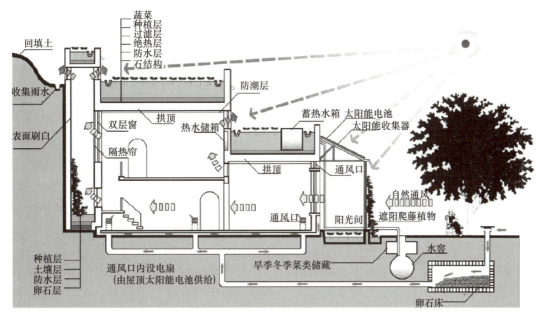

图 8.3-2　新型窑居技术方案原理

(1) 建筑空间布局设计

新型窑居建筑平面图如图 8.3-3 所示,相比于传统窑居,新型窑居增加建筑东西向轴线尺寸能够增加太阳能得热量,缩小建筑南北向轴线尺寸能够避免进深过大对室温均匀性的不利影响,改善建筑太阳能热利用效果。另外,避免在外围护结构设置过多的凹入和凸出,减小体形系数,有助于减少供暖热负荷。房间平面布置按使用性质进行划分,供暖需求要求高的房间如卧室、客厅在南向布置,充分利用太阳能供暖。

(2) 围护结构热工设计

为了改善建筑南向门、窗热工性能,新型窑居以玻璃窗替代了原来的麻纸窗户,如图 8.3-4 所示,并且采用双层窗或单层窗加夜间保温的方式提高保温性能,同时注意增加门、窗的密闭性能。门洞入口处采用了保温措施以防止冬季冷风的渗透。北向增加窗户提高了室内的采光系数,严格控制窗户的面积,采用双层窗并设置保温装置,减少窗户散热损失。

(3) 被动式构件

新型窑居南向入口处设置阳光间,阳光间的地面和墙面采用深色重质蓄热材料,增强了建筑南向集热蓄热能力,如图 8.3-5 所示。阳光间还起到空气间层的作用,减小了南向围护结构的传热量和入口冷风渗透量，提升了建筑保温性能。阳光间南向增大了玻璃窗开窗面积，增加太阳能集热量，集热的同时注重保温，还用双层窗或增加活动保温装置。

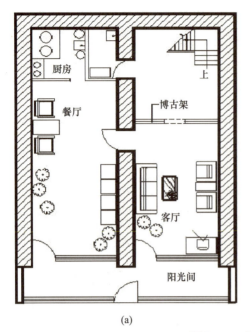
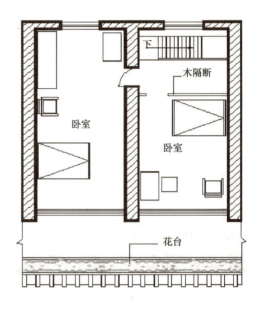

(a)　　　　　　　　　　　　　　　　　　(b)

图 8.3-3　新型窑居建筑平面图
（a）一层平面图；（b）二层平面图

图 8.3-4　新型窑居建筑南向玻璃窗　　　图 8.3-5　新型窑居建筑附加阳光间外景

另外，为了防止太阳能建筑夏季出现过热现象，建筑北向还设置太阳能烟囱，阳光间南向采用竖向绿化遮阳。烟囱顶部利用太阳能加热，能够实现良好的热压拔风效应，配合南向乔木的遮阳降温作用，将室外低温空气引入室内，实现自然通风降温。

8.3.3　室内热环境测试

图 8.3-6 和图 8.3-7 给出了新型窑居与传统窑居冬季室内外温度的实测数据。可以看出，新型窑居白天室内温度可达到 15℃以上，最高甚至可以达到 20℃；虽然夜间室外温度最低达到-10℃，但夜间室内温度也能维持在 10℃左右；而传统窑居的白天室内温度最高值在 10℃左右，夜间室内温度最低值约 5℃。虽然两次测试的时间不同，但由于两个测

试时段室外温度水平相当，可以说明新型窑居设计方案能够更好地改善室内热环境。

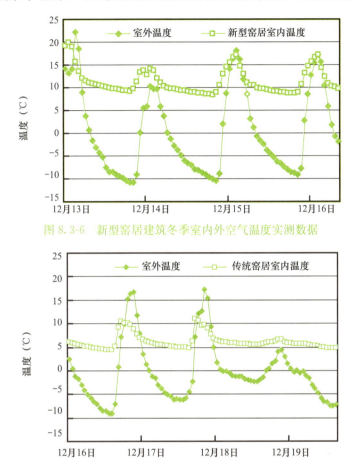

图 8.3-6　新型窑居建筑冬季室内外空气温度实测数据

图 8.3-7　传统窑居建筑冬季室内外空气温度实测数据

图 8.3-8 给出了新型窑居夏季室内空气温度的实测数据。由该图可以看出，室外温度波动较为剧烈，昼夜温差最高达 21℃。而新型窑居室内昼夜温度均维持在 25℃ 以下，这是比较舒适的夏季室内热环境。同时，室内温度波动很小，能达到类似于空调控制下的效果，并且这种自然状况比空调送风更加舒适。

图 8.3-8　新型窑居夏季室内外空气温度实测数据

8.3.4 节能效益分析

本工程在传统窑居的基础上，从被动式太阳能利用、建筑空间布局设计、建筑围护结构设计等方面进行综合改进形成了新型窑居建筑，新型窑居在显著改善了室内热环境和空气质量的同时降低了窑居能源消耗水平。经过测算，传统窑居供暖耗煤量约为 15kgce/m^2，普通混凝土房屋则需要约 25kgce/m^2，而新型窑居供暖耗煤量仅为 5kgce/m^2 左右。每个家庭约 100m^2 的新型窑居每年可减少 CO_2 排放约 2.4t。

8.4 牧民定居点被动式太阳能建筑

8.4.1 工程概况

本工程位于青海省海北藏族自治州刚察县沙柳河镇，刚察县地处青藏高原地区，当地海拔 3500m 以上。该地区属于严寒地区，冬季供暖室外计算温度为 -17.2℃，年极端最低气温 -32℃。供暖期从 9 月中旬至次年 5 月中旬，供暖期长达 242d。刚察县所在地区属于太阳能资源很丰富区，年总辐射量达 6580MJ/m^2，年日照时数达 3037h。工程总建筑面积为 7800m^2，其中被动式太阳能建筑 80 套，建筑面积为 6240m^2，此外另有主被动组合太阳能建筑 20 套，建筑面积为 1560m^2，工程实景见图 8.4-1。本节仅对被动式太阳能建筑案例进行介绍，主被动组合太阳能建筑案例将在第 9 章进行详细介绍。

图 8.4-1　刚察县被动式太阳能供暖建筑实景图

8.4.2 工程技术方案

1. 技术思路

工程位于严寒地区，冬季建筑供暖需求高，供暖能耗高，而当地常规能源匮乏，采用常规能源供暖代价高。刚察县太阳能资源极其丰富，合理利用太阳能供暖将能够替代常规能源，因此太阳能是当地建筑供暖的极佳选择。

被动式太阳能热利用技术同主动式太阳能热利用技术相比具有构造简单、经济、运行维护方便等特点，因此，优先采用被动式太阳能热利用技术是合理的且能够有效改善室内热环境。而被动式太阳能热利用技术改善室内热环境效果的关键在于应最大化太阳能集热量，同时应尽量降低建筑能耗，应从建筑选址、建筑朝向、建筑平面设计、建筑体形设计、建筑热工设计、被动式构件利用等方面进行合理设计，在降低建筑能耗的基础上，最大化利用太阳能改善建筑室内热环境。

2. 技术方案

（1）建筑选址

青海省刚察县一年中有一半时间的气候环境都较为寒冷恶劣，且当地地形以山地为主，"向阳"是选址所必须考虑的重要因素之一，且要避免选择山谷、洼地、沟底等凹形场地。该地区建筑通常依地势起伏错落布置或因山就势散居在向阳坡地上，有利于避风和接收太阳辐射，因此本工程选址位于向阳坡地，地形总体呈北高南低。

（2）建筑朝向

为了保证建筑集热面接收到足够多的太阳辐射，建筑物方位应控制在正南方向，偏移角度应控制在±15°以内。由于刚察县整体规划需要，要求与南面主干道平行，故在总体平面布置时，建筑单体的朝向为南偏西6.79°，在最佳朝向范围内。

（3）建筑室内空间平面布局

该工程建筑空间布局在满足使用功能的同时主要考虑太阳能利用，遵循建筑进深小和南墙面积大的设计主旨，根据自然形成的北冷南暖的温度分区来布置房间。如图8.4-2所示，主要房间（卧室、客厅）布置在南侧，人员停留时间较短的卫生间、厨房设置在北向，这样可充分利用南向进行太阳能集热，较长时间维持南向房间的较高室温，同时南向的附加阳光间也可发挥缓冲区的作用，为南向房间保温起到一定的阻尼作用。

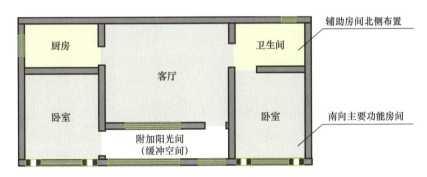

图8.4-2 建筑平面布置示意图

（4）建筑围护结构热工设计

该工程建筑内外墙主体结构采用实心黏土砖，屋顶为现浇混凝土结构，地面也采用混凝土构造，外墙设计采用挤塑型聚苯乙烯泡沫保温板；针对保温薄弱的屋顶和地面，也均采用挤塑型聚苯乙烯泡沫保温板进行保温；外窗均采用单框双玻塑钢平开窗。围护结构热工参数均严格按照相关标准规范执行。

（5）被动式太阳能集蓄热构件

该工程采用直接受益式＋集热蓄热墙＋附加阳光间组合式被动太阳能热利用技术，采用了组合式被动太阳能利用技术后的建筑外观效果见图8.4-3。

图8.4-4和图8.4-5为集热蓄热墙内、外立面，南向集热蓄热墙增加保温措施，使得在白天加快室内温升的同时，减少夜间散热速率；墙体外表面设置深色吸热材料，选择了被藏族人民广泛接受的藏红色；上、下各设置可开启关闭式通风孔，用于空气集热循环。集热蓄热墙中心部位为直接受益窗，在满足建筑室内采光需求的基础上，允许太阳辐射直

接加热室内空气，直接受益窗内部设置窗帘进行夜间保温。

图 8.4-3　建筑外观效果图

图 8.4-4　集热蓄热墙内立面

图 8.4-5　集热蓄热墙外立面

在客厅南墙外搭建封闭玻璃阳台，起到了附加阳光间的作用，如图 8.4-6 和图 8.4-7 所示。太阳辐射透过南向玻璃进入附加阳光间，被附加阳光间地面和客厅南墙外表面吸收，

图 8.4-6　附加阳光间外观

图 8.4-7　附加阳光间内部

壁面升温后与空气换热，提高空气温度，一部分热量通过客厅南墙的门、窗开启以及南墙的热传递作用进入客厅，从而使客厅升温。

8.4.3 室内热环境测试

对建筑室内热环境进行测试分析，图 8.4-8 为测试期间（1月15日～1月17日）室外空气温度变化规律；图 8.4-9 为水平面和南立面太阳辐射强度；图 8.4-10 为各房间室内温度对比。

如图 8.4-8 所示，测试期间白天室外温度较低，最高气温仅 $-10℃$ 左右，最低气温达近 $-28℃$，平均气温为 $-16.9℃$，可见当地室外气候十分寒冷，建筑供暖需求很高。如图 8.4-9 所示，测试期间，当地水平面太阳总辐射强度峰值达 $600W/m^2$，日出时间水平面太阳总辐射强度平均值为 $364W/m^2$；南立面太阳总辐射强度峰值超过 $900W/m^2$，日出时间外墙面太阳总辐射强度平均值为 $477W/m^2$，南立面太阳辐射强度明显强于水平面，且总辐射中直射辐射占到 80% 以上，可见该地区冬季太阳辐射强烈，具有良好的太阳能供暖热利用基础。

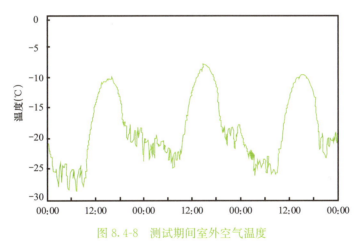

图 8.4-8 测试期间室外空气温度

如图 8.4-10 所示，附加阳光间内温度白天最高可达 $31.5℃$，夜间最低温度为 $-15.8℃$，全天平均温度为 $-0.7℃$，虽然附加阳光间温度波动幅度较大，但是 12：00～18：00 的温度均高于 $5℃$，相比寒冷的室外气温，附加阳光间为室内起到一定的保温和缓冲作用，同时附加阳光间的高温空气也可对客厅起到加热作用，白天客厅最高温度可达 $7℃$。集热蓄热墙卧室室内温度最大值可达 $20℃$，夜间室内温度最低也仅为 $-4.8℃$，日平均温度为 $0.7℃$，其温度波幅明显小于附加阳光间。此外，由于卫生间坐落于建筑北面，无太阳能得热，室内日平均温度为 $-5.8℃$。由此可见，本工程被动式太阳能利用技术的采用有效提升了建筑室内温度，增强了室内热舒适性。

8.4.4 节能效益分析

附加阳光间、集热蓄热墙和直接受益窗作为集热部件，在供暖期起到了一定的供暖作用，在太阳能丰富的严寒地区体现了明显的节能效果。经过测算，在设计室内温度 $14℃$ 的情况下，附加太阳房供暖期需辅助热量为 $33.3×10^6 kJ$，对比房（相同结构下普通住宅）

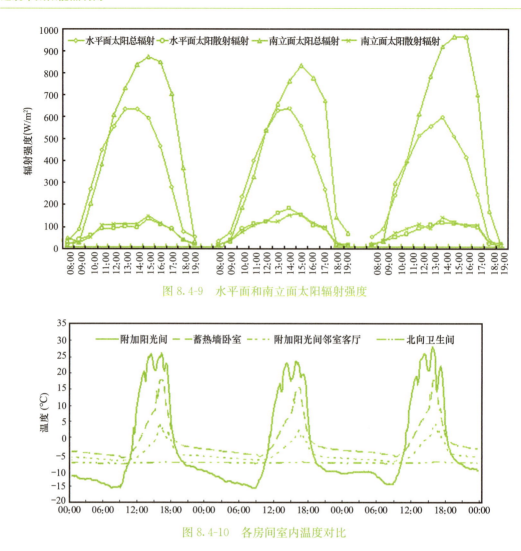

图 8.4-9 水平面和南立面太阳辐射强度

图 8.4-10 各房间室内温度对比

供暖期需辅助热量为 $87.7×10^6$ kJ，太阳能与对比房相比节约辅助热量 $54.4×10^6$ kJ，节能率达到了 62%，折合成标准煤约减少 1858.6kg，减少 CO_2 排放 4832.4kg。附加太阳房不仅减少了常规能源的消耗，而且对缓解严重的环境污染也起到了积极的作用。

第9章 主被动组合太阳能热利用工程案例

主被动组合太阳能热利用技术是在被动式太阳能技术基础上，将太阳能集热器、蓄热装置等主动式设备与被动式太阳能构件进行协调组合，以提高太阳能建筑供暖运行稳定性和太阳能利用效率，最大限度减少常规能源消耗，实现太阳能资源富集区建筑供暖低碳甚至零碳化运行。主被动组合太阳能热利用技术不仅有助于减少温室气体排放，推动绿色建筑发展，还能提高建筑的能源自给能力，增强能源安全性，降低能源成本，具有广阔的应用前景和经济效益。

在实际应用中，主被动组合太阳能热利用技术的实施需要综合考虑建筑物的地理位置、气候条件、建筑结构以及用户的供暖需求等因素。通过科学合理的设计和优化，能够实现太阳能资源的最大化利用，从而提升建筑的能源利用效率和环境效益。本章将主要介绍主被动组合太阳能热利用技术的基本原理以及组合技术的设计原则与要点，并以牧民定居点、高原社区、公共卫生建筑3类主被动组合太阳能建筑为典型案例，进行现场测试结果和节能效益分析。

9.1 主被动组合太阳能技术原理与设计要点

9.1.1 主被动组合太阳能技术原理

主被动组合太阳能热利用技术将主动式和被动式太阳能技术结合，遵循"被动式技术优先、主动式系统补充"的基本原则。其工作原理为：昼间日照充足时，被动式太阳能技术优先通过被动式太阳能构件向室内供热，供暖需求不足部分由主动式系统提供，剩余集热量储存在蓄热装置以备夜间使用，极端天气下，主被动组合太阳能供暖系统供热量无法满足建筑供暖需求时，由辅助热源补充不足部分并向建筑供热，如图9.1-1所示。

被动式太阳能技术通过集蓄热构件将太阳能转化为热能并自发为建筑供热，由于被动式太阳能技术的热量调节以及蓄热能力有限，被动式太阳能集蓄热构件主要在太阳辐射较佳的昼间供热，而在其余时间段呈现出供热量不足的特征。为了保障太阳能建筑室内热环境在使用时段满足相应的设计要求，则需要主动式太阳能供暖系统对被动式太阳能技术供热不足时段进行补充，通过主动式和被动式太阳能利用技术的协调配合，从而确保建筑室内供暖需求得到满足。主被动组合太阳能建筑供需匹配关系见图9.1-2。

不同建筑室内温度变化过程如图9.1-3所示。被动式太阳能建筑相比非供暖建筑而言，室内温度整体上得到提升，而且昼间中午时间段被动式太阳能建筑室内温度将可能超

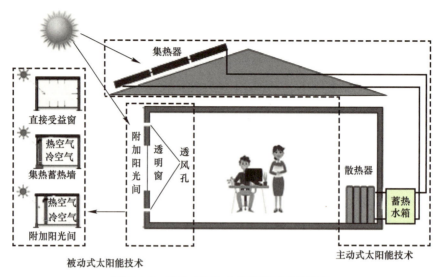

图 9.1-1　主被动组合太阳能供暖系统原理

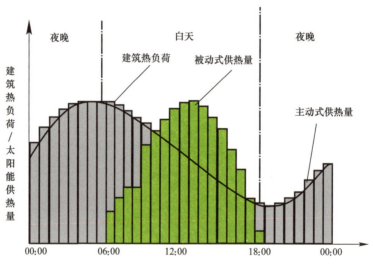

图 9.1-2　主被动组合太阳能建筑供需匹配关系

过室内温度设计值，而其他大部分时间段室内温度将低于设计温度，这主要与被动式太阳能集蓄热构件的蓄调能力强弱有关。此外，被动式太阳能集蓄热构件主要设置于建筑朝阳面，因此容易导致南向房间室内温度高、北向房间室内温度低，同一建筑内不同房间室内温度差异大的情况。而主动式太阳能供暖系统的介入，能够较好地弥补被动式太阳能技术在时间与空间供热量不协调的问题。

9.1.2　设计原则与要点

1. 主被动组合太阳能技术设计原则

主被动组合太阳能技术是在被动式太阳能技术的基础上增加了主动式太阳能系统，有效改善了被动式技术的不稳定性，具有高太阳能保证率和可根据室温灵活调节供热量的特点，主被动组合太阳能技术的应用场景较为广泛。由于涉及主动式和被动式两种不同类型

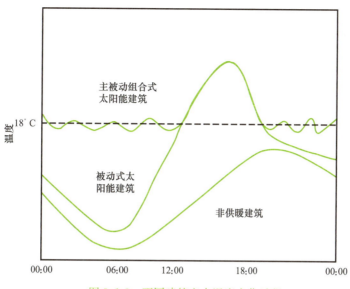

图 9.1-3　不同建筑室内温度变化过程

的太阳能技术，主被动组合太阳能技术设计必须满足下列原则：

（1）主被动组合太阳能技术应遵循被动式太阳能技术优先、主动式太阳能技术补充的原则。在利用太阳能资源时，首先通过建筑设计和被动式太阳能技术满足部分供暖需求，在此基础上，未被满足的部分由主动式太阳能供暖系统承担，确保系统之间的协调与互补，以降低建筑的供暖能源消耗，减小成本。

（2）主被动组合太阳能技术应遵循经济性最优的容量配比的原则。主被动组合太阳能技术的设计应根据当地气候条件和太阳能资源，综合考虑初始投资成本、运行维护成本、节能效果和经济效益，规划主被动技术承担的负荷需求，以最低的总成本达到最佳的能源利用和节能效果。

（3）主被动组合太阳能技术应遵循协调运行的原则。要确保被动式太阳能技术和主动式太阳能技术的协调配合，设计合理的主动式系统运行策略，以达到最佳的节能效果和整体性能。

（4）主被动组合太阳能技术应遵循安全可靠的原则。主被动组合太阳能系统应根据不同地区和使用条件采取相应的防冻、防结露、防过热、防雷、防雹、抗风、抗震和保证电气安全等技术措施，确保太阳能利用过程安全、可靠。

2. 主被动组合太阳能技术设计要点

主被动组合太阳能技术设计过程中，除了遵循前述被动太阳能利用技术设计要点外，主动式系统还应遵循以下设计要点，确保主被动组合太阳能供暖的效率最大化。

（1）集热系统设计要点

1）集热系统的布置：太阳能集热器宜朝向正南，或南偏东、偏西 20°的朝向范围内设置；安装倾角宜为当地纬度＋10°；放置在建筑外围护结构上的太阳能集热器，冬至日集热器采光面的日照时数不应少于 6h；太阳能集热器不得跨越建筑变形缝设置；前后排集热器之间应留有安装、维护操作的间距，排列应整齐有序，某一时刻太阳能集热器不被前方障碍物遮挡阳光的日照间距应按下式计算：

$$D = H\coth\cos\gamma_0 \tag{9.1-1}$$

其中，D 为日照间距，m；H 为前方障碍物的高度，m；h 为计算时刻的太阳高度角，°；γ_0 为计算时刻太阳光线在水平面上的投影线与集热器表面法线在水平面上的投影线之间的夹角，°。

2）集热面积的确定：太阳能集热器总面积应根据主动式太阳能供暖系统中的集热系统承担的供暖负荷、当地集热器采光面上的 12 月平均日太阳辐照量、太阳能保证率、集热器集热效率进行计算；主被动组合太阳能供暖系统的供暖负荷是在供暖期室外平均气温条件下计算的建筑物耗热量，由被动式系统和主动式系统共同承担。主动式系统中的太阳能集热系统承担的供暖热负荷不包含被动式系统承担的建筑物耗热量。此时，主被动组合太阳能供暖系统中集热系统承担的供暖热负荷由通过围护结构的传热耗热量、空气渗透耗热量、建筑物内部得热量、被动式太阳能技术供热量组成，即：

$$q_H(\tau) = q_{HT}(\tau) + q_{INF}(\tau) - q_{IH}(\tau) - q_{PS}(\tau) \tag{9.1-2}$$

其中，q_H 为集热系统承担的供暖热负荷，W；q_{HT} 为通过围护结构的传热耗热量，W；q_{INF} 为空气渗透耗热量，W；q_{IH} 为建筑物内部得热量，W；q_{PS} 为被动式太阳能构件供热量，W。

3）集热系统的运行参数：太阳能集热系统的设计流量应根据太阳能集热器阵列的串并联方式和各阵列所包含的太阳能集热器数量、面积及太阳能集热器的热性能计算确定。在当地太阳辐射、大气压力等气象条件下，太阳能液体工质集热系统的设计流量应满足出口工质温度符合设计要求且不致汽化，太阳能空气集热系统的设计流量应满足出口工质温度符合设计要求且不致造成过热安全隐患。

（2）蓄热系统设计要点

1）蓄热方式的选用：太阳能蓄热系统应根据太阳能集热系统形式、系统性能、系统投资、供暖热负荷、太阳能保证率等进行技术经济性分析，选取适宜的蓄热方式。太阳能供暖系统蓄热方式可按表 9.1-1 进行优选。

太阳能供暖系统蓄热方式优选　　　　　　　表 9.1-1

系统形式	蓄热方式				
	蓄热水箱	地下水池	土壤埋管	卵石堆	相变材料
热水集热器短期蓄热系统	•	•	—	—	•
热水集热器季节蓄热系统	•	•	•	—	—
空气集热器短期蓄热系统	—	—	—	•	•

注："•"为可选用，"—"为不宜选用。

短期蓄热液体工质集热器太阳能供暖系统，宜用于单体建筑的供暖。应根据当地的太阳能资源、气候、工程投资等因素综合考虑，短期蓄热液体工质集热器太阳能供暖系统的蓄热量应满足建筑物 1～5d 的供暖需求；季节蓄热液体工质集热器太阳能供暖系统，宜用于较大建筑面积的区域供暖。

2）蓄热装置容量的确定：主被动组合太阳能系统的蓄热水箱容积设计应考虑被动式和主动式太阳能技术承担的建筑负荷比例，蓄热水箱的设计对集热系统效率和整个供暖系统的性能都有重要影响。太阳能供暖蓄热水箱容积应根据太阳能建筑热负荷、太阳能集热系统集热量、蓄热周期等因素确定。当无相关数据资料时，蓄热系统容积可按表 9.1-2 选取,表9.1-2中给出了各类太阳能供暖系统对应每平方米太阳能集热器采光面积的蓄热水箱、水池容积范围,宜根据设计蓄热时间周期和蓄热量等参数确定。需要精确计算时,还可以通过相关模拟软件进行长期热性能分析得到。

各类系统蓄热水箱的容积选择范围　　　　表9.1-2

系统类型	小型太阳能供热水系统	短期蓄热太阳能供暖系统	季节性蓄热太阳能供暖系统
蓄热水箱、水池容积范围（L/m²）	40~100	50~150	1400~2100

3）蓄热保温设计：蓄热水体不同位置处的散热情况有所差异,宜采用差异化保温设计。将蓄热罐按高度方向均分为上、中、下三层,宜优先考虑顶部保温,其次考虑中、上层侧壁的保温,最后考虑下层保温;在均匀保温的基础上将下层保温的25%~50%用量均匀附加到中、上层和顶部。

4）蓄热水箱管道连接：应合理布置太阳能集热系统、生活热水系统、供暖系统与蓄热水箱的连接管位置,实现不同温度供热、换热需求,提高系统效率。利用水箱分层导致热水上热下冷的现象,可将供暖热水与生活热水分设在水箱中上部,生活热水在供暖热水取水口上方。

（3）辅助热源设计要点

1）辅助热源的类型选择：辅助热源应根据当地条件,选择城市热网、电、燃煤、燃气、燃油、工业余热和生物质燃料等,加热/换热设备应选择各类锅炉、换热器、热泵等,做到因地制宜、经济适用。各种热源有以下特点：燃煤锅炉启停时间长,出力调整较困难,较难实现自控或无人值守,有环境污染问题；燃油、燃气锅炉控制方便,便于调节,可方便实现自控运行,但设备间需要满足消防要求；热泵使用费用低,控制方便,但设备初投资高,此外北方地区采用空气源热泵应考虑冬季运行问题；电加热设备易安装,控制方便,是太阳能热水系统最常用辅助热源,但运行费用较高,有时因需电力增容会大大提高系统投资。

2）辅助热源的容量确定：辅助热源的设计容量应根据建筑供暖系统综合最大热负荷确定；单台设备的设计容量应以保证其具有长时间较高运行效率的原则确定,实际运行负荷率不宜低于50%；在保证设备具有长时间较高运行效率的前提下,各台设备容量宜相等；设备总台数不宜过多,设备供应的用户较多时,全年使用时不应少于两台,非全年使用时不宜少于两台；其中一台因故停止工作时,对寒冷地区和严寒地区供热（包括供暖和空调供热）,剩余设备的总供热量分别不低于设计供热量的65%和70%；辅助热源的供热量按照太阳能供暖系统最不利工况确定,即不考虑太阳能供暖提供的份额,依据建筑总热负荷计算。辅助热源的设计小时供热量可以按下式进行估算,即：

$$P=\frac{T_0 Q_{\mathrm{AS}}}{\eta_\mathrm{a}(1-\eta_\mathrm{L})T} \tag{9.1-3}$$

其中,P为辅助热源加热功率,W；Q_{AS}为被动式太阳能建筑日均供暖热负荷,W；η_a为辅助热源加热设备热效率,%；η_L为管道及蓄热水箱热损失,一般取0.05~0.1；T为设计辅助热源的日加热时间,h；T_0为全天总时长,$T_0=24\mathrm{h}$。

3）辅助热源的安装：辅助热源应安装在便于维护和操作的位置,同时避免对主系统的干扰；合理设计辅助热源与主系统的连接管路，确保热量传递效率高，减少热损失。

(4) 动力设备选型设计要点

太阳能供热系统主要循环动力设备包括集热系统循环泵和供热侧循环泵。

1) 供热侧循环泵的选型：应根据用水设施或供暖末端特点，参考现行国家标准《建筑给水排水设计标准》GB 50015 选用。循环泵流量初步设计阶段按设计小时流量的 25% 估算。循环泵扬程 H_b 按下式计算：

$$H_b = 1.1(H_1 + H_2 + H_3) \tag{9.1-4}$$

其中，H_b 为循环泵扬程，kPa；H_1 为管路水头损失，kPa；H_2 为末端设备（用水器具、地面供暖管路或风机盘管等）阻力损失，kPa；H_3 为首端设备（例如蓄热水箱、换热器等）内部阻力损失，kPa，蓄热水箱的内部阻力一般可忽略不计。

管路水头损失 H_1 按下式计算：

$$H_1 = R(L + L') \tag{9.1-5}$$

其中，L 为蓄热水箱至末端设备最不利点的供水管长，m；L' 为末端设备最不利点至蓄热水箱的回水管长，m；R 为单位长度的水头损失，kPa/m，可按 $R=0.1 \sim 0.15$ kPa/m 估算，工质为防冻液时，与以水为工质的系统相比，阻力要增加 20%~30%。

2) 太阳能集热系统循环泵的选型：太阳能集热系统的循环泵流量（单位面积太阳能集热系统的流量）按表 9.1-3 推荐值计算。太阳能系统为充满系统时，太阳能集热系统循环泵扬程按下式计算：

$$H_b' = 1.1(H_1' + H_2' + H_3') \tag{9.1-6}$$

其中，H_b' 为太阳能集热系统循环泵的扬程，kPa；H_1' 为太阳能集热器与水箱间的供、回水管路水头损失和，kPa；H_2' 为太阳能集热器阻力损失，kPa；H_3' 为太阳能集热系统中蓄热水箱、换热器等阻力损失，kPa。

太阳能系统为非充满系统时，如回流或排空太阳能系统，太阳能集热系统循环泵扬程按下式计算：

$$H_b' = 1.1 \max[(H_1' + H_2' + H_3'), H_4'] \tag{9.1-7}$$

其中，H_4' 为水泵克服水箱水面到集热器最高点高差所需扬程，kPa；max 表示取公式中两表达式中最大值。

单位面积太阳能集热系统的流量   表 9.1-3

系统类型	单位面积太阳能集热器的流量 [m³/(h·m²)]
小型太阳能供热水系统	0.035~0.072
大型集中太阳能供热/供暖系统（集热器总面积大于 100m²）	0.021~0.06
小型直接式太阳能供热/供暖系统	0.024~0.036
小型间接式太阳能供热/供暖系统	0.009~0.012
太阳能空气集热器供热/供暖系统	36

(5) 控制系统设计要点

1) 自动化运行控制：太阳能集热系统可采用温差循环控制或定温循环控制。为保证太阳能供暖系统的稳定运行，当太阳辐射较差时，通过太阳能集热系统的工作介质不能获得有用的热量时，为使工质温度达到设计要求，辅助加热系统必须开启；而太阳辐射较好时，工质可以通过太阳能集热系统获得有用的热量提高介质温度，辅助加热系统则应立即停止，以实现优先使用太阳能，提高系统的太阳能保证率，为此，应采用定温自动控制实现太阳能集热系统和辅助加热设备间的相互切换。

2）系统防冻控制：太阳能集热系统防冻措施包括排空、循环、防冻液防冻等多种形式。太阳能集热系统的防冻设计宜根据太阳能集热系统类型和使用地区按表 9.1-4 选取；防冻措施应采用自动控制运行工作。

太阳能集热系统的防冻设计选型　　　　　表 9.1-4

建筑气候分区	严寒地区		寒冷地区		夏热冬冷地区		温和地区	
太阳能集热系统类型	直接系统	间接系统	直接系统	间接系统	直接系统	间接系统	直接系统	间接系统
防冻设计类型 排空系统	—	—	•	—	•	—	•	—
排回系统	—	•	—	•	—	•	—	—
防冻液系统	—	•	—	•	—	•	—	—
循环防冻系统	—	—	—	—	•	—	—	—

注："•"为可选用，"—"为不宜选用。

3）系统防过热控制：水箱防过热温度传感器应设置在蓄热水箱顶部，防过热执行温度应设定在 80℃ 以内；系统防过热温度传感器应设置在集热系统出口，防过热执行温度的设定范围应与系统的运行工况和部件的耐热能力相匹配；为防止系统过热而设置的安全阀，应安装在泄压时其排出的高温蒸汽和水不会危及周围人员的安全的位置上，并应配备相应的措施；其设定的开启压力，应与耐受的最高工作温度所对应的饱和蒸汽压力一致。

4）集热系统补液控制：根据系统设计要求设定高、低液位报警值，确保在液位过低或过高时触发报警；当液位过低时，根据系统运行状态和时间段，合理安排补液时间，避免在高峰期补液，影响系统效率；控制补液水温与系统水温的差异，防止因温差过大引起的系统损坏。

5）蓄热水箱水位控制：设置高、低水位阈值，确保水位在安全范围内波动；根据不同的水位段执行不同的控制策略，例如启动/停止补水泵、打开/关闭阀门等。

9.2 牧民定居点太阳能供暖工程

9.2.1 工程概况

第 8 章对青海省刚察县牧民定居点被动式太阳能供暖建筑案例进行了介绍，本节以该项目工程中的主被动组合太阳能供暖建筑为案例，对工程采用的技术方案、设计参数与节能效益进行详细介绍。主被动组合太阳能供暖建筑工程案例实景如图 9.2-1 所示。

图 9.2-1　主被动组合太阳能供暖建筑工程案例实景

9.2.2 工程技术方案

1. 技术思路

青海省牧民定居点建筑均为建筑层数较低的单体住宅类建筑，该类建筑全天均需供暖。因此本工程首先通过建筑本身的构造来实现高效保温，在此基础上利用被动式太阳能技术来满足白天供暖需求，被动式太阳能供热量不足的时间段，通过主动式太阳能系统的补充蓄调满足供暖负荷，该类建筑采用主被动组合太阳能供暖方式更容易实现高太阳能保证率。

2. 技术方案

本工程通过对建筑物构造、朝向、南向外墙窗的巧妙设计和选用有特色的建筑材料等方式，利用被动式太阳能技术达到为建筑物供暖的效果。但是由于冬季气候寒冷，完全依靠被动式太阳能技术难以完全满足冬季室内热舒适要求，大部分地区需与其他辅助热源相结合。本工程在被动式太阳能供暖技术的基础上，设置主动式太阳能供暖设施，可在很大程度上降低设备投资，节省常规能源，降低建筑供暖能耗。并对建筑南北向房间进行分环调节，实现供热量的合理分配，如图9.2-2所示。

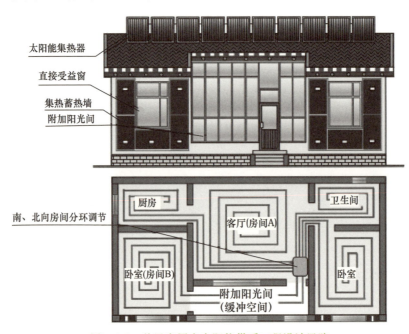

图9.2-2 牧民定居点太阳能供暖工程设计思路

（1）被动式太阳能供暖技术

使用集热蓄热墙并增加集热蓄热墙体的保温措施，使得在白天加快室内温升的同时，减少夜间室内散热速率。在客厅南墙外搭建封闭玻璃阳台，太阳辐射透过南向屋顶玻璃和南向玻璃进入温室，进而被温室地面和客厅南墙外表面所吸收，温室内空气被加热，热量通过客厅南墙门、窗的开启和南墙热传递作用被送入客厅，使客厅升温。

（2）主动式太阳能供暖技术

主动太阳能供暖系统主要包括太阳能集热器、蓄热装置、散热装置、管道和阀门等，为保证供暖系统的安全性和稳定性,增加了电辅助加热系统。白天,太阳能集热器内的工作介质(防冻液)经太阳辐射加热,再经集热系统循环管路的输运,加热蓄热水箱内的水,当水箱的水温满足供暖供水温度时,进入低温辐射盘管,通过地面辐射方式加热室内空气;当水箱内的水温低于供暖供水温度需求时,启动辅助电加热系统将其加热至供暖供水所要求的温度。另外,从主动式太阳能供暖系统中蓄热水箱内引出一根生活热水管,以提供生活热水。主动式太阳能供暖系统原理图如图 9.2-3 所示。

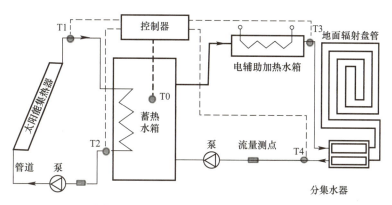

图 9.2-3 主动式太阳能供暖系统原理图

主动式太阳能供暖系统主要设备及其尺寸见表 9.2-1,主要包括太阳能集热器、蓄热水箱、分集水器等。

主动式太阳能供暖系统主要设备及其尺寸 表 9.2-1

太阳能集热器	蓄热水箱	分集水器	管道	地面盘管
面积:14m²;平均集热效率:45%	容积:200L	3 个环路	DN20、DN25、DN32	管间距:300mm

水泵	辅助加热水箱	控制器	流量表
—	容积:80L;功率:3kW	—	—

(3) 建筑分时、分区调控技术

太阳能建筑供暖末端的调节包括热需求时间、空间和供暖温度3个方面，根据昼夜供暖时间差异、房间南北朝向空间差异、正常与非正常供暖房间温度差异对太阳能建筑的房间进行分类，实现主被动组合太阳能建筑的分时、分区供暖。

9.2.3 室内热环境测试

为表述方便，将与附加阳光间相邻的房间记作房间 A，集热蓄热墙卧室记作房间 B。测试期间（4月25日～4月28日）主被动组合太阳能供暖房间 A 与房间 B 室内温度如图 9.2-4 所示；单纯被动式太阳房与主被动组合太阳能供暖房间 A 室内温度对比如图 9.2-5 所示，与房间 B 室内温度对比如图 9.2-6 所示。其中，辅助电加热功率为 2.6kW，测试期间日平均使用时间为 4～5h，日耗电量为 11～13kWh。测试期间连续 4 天室内温度逐渐升高，日平均值分别为 4.5℃、6.2℃、7.6℃和 9.0℃。

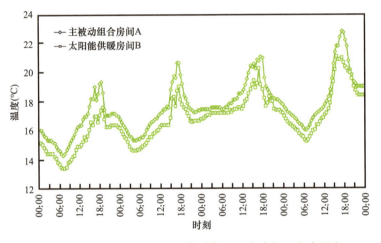

图 9.2-4　主被动组合太阳能供暖房间 A 与房间 B 室内温度

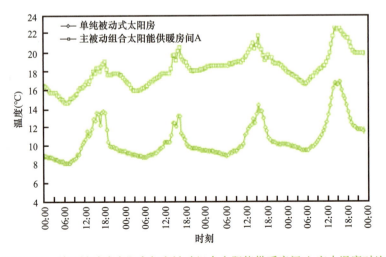

图 9.2-5　单纯被动式太阳房与主被动组合太阳能供暖房间 A 室内温度对比

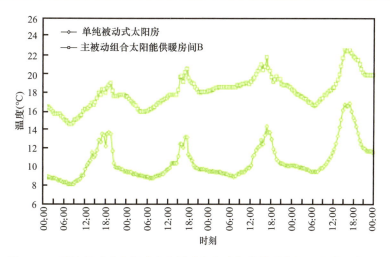

图 9.2-6　单纯被动式太阳房与主被动组合太阳能供暖房间 B 室内温度对比

根据图 9.2-4 可知，房间 A 和房间 B 的日平均室内温度分别为 16.8℃和 17.7℃。房间 B 室内温度高于房间 A，这主要是因为，房间 B 卧室北墙为与卫生间相邻的内墙结构，南墙为集热蓄热墙＋直接受益式太阳能得热部件，而房间 A 北墙为外墙结构，南墙为与附加阳光间相邻的内墙，通过附加阳光间间接得热。

由图 9.2-5 和图 9.2-6 可以看出，主被动组合太阳能供暖房间室内温度明显高于单纯被动式太阳房室内温度，房间 A 的日平均温度分别为 16.8℃和 9.8℃，房间 B 日平均温度分别为 17.7℃和 10.8℃，主被动组合太阳能供暖房间分别比相应的单纯被动式太阳房高 7.0℃和 6.9℃。总体来说，主被动组合太阳能供暖能够较好地保证室内热环境，同时节约供暖能耗。

9.2.4　节能效益分析

本工程中建筑供暖需求由被动式太阳能技术、太阳能集热系统、辅助加热系统共同承担，其中主动式太阳能供暖系统设计热效率可达 84.5%。房间供热量中来自太阳能集热系统的部分占太阳能集热器表面接收到的太阳辐射热量的百分比为 38.2%。主被动组合太阳能保证率在 4 月份和 5 月份可达到 100%，可完全满足供暖室内热环境需求，但为了控制成本，设计集热器面积有限，最冷的 1 月份太阳能保证率仅为 60.7%，其余热量可由辅助加热系统提供。供暖期平均保证率可达到 80%左右。

9.3　高原社区太阳能供暖工程

9.3.1　工程概况

加措乡太阳能供暖工程位于西藏自治区日喀则市定日县，县区管辖范围内平均海拔约为 5000m。冬季供暖室外计算温度为－7.3℃，年极端最低气温－21.3℃。供暖期从 10 月 16 日至次年的 4 月 30 日，共计 194d。定日县属于太阳能资源最丰富区，全年太阳辐射量约为 8400MJ/m²，年平均日照时间达 3393.3h，在高原常规能源匮乏和生态环境脆弱的背景下，利用太阳能进行建筑供暖是最佳方式，工程实景见图 9.3-1。

图 9.3-1 定日县加措乡工程实景

9.3.2 工程技术方案

1. 技术思路

西藏高原丰富的太阳能资源使太阳能供暖在该地区应用逐渐广泛。与单体建筑不同，社区中包含办公楼、住宅等多种类型建筑，供暖需求大，供暖需求时间差异较大，而可利用屋顶集热器铺设面积有限，需要合理分配可利用的屋顶面积，以实现最大化太阳能利用为社区供暖需求。对于社区类建筑，首先应通过建筑本体的高效保温和被动式太阳能技术尽可能满足白天供暖需求，不足的部分由所有建筑屋顶太阳能集热器集热后统一分配到各个建筑，以满足不同建筑的供暖需求。

2. 技术方案

工程采用了直接受益窗与附加阳光间两种被动式太阳能技术，加大南向窗透入的太阳辐射热，提高室内温度，并对建筑进行节能改造，充分利用被动式措施提高建筑冬季室温。在此基础上，搭建了分散集热-集中供热的太阳能空气集热供暖系统，可满足建筑冬季供暖需求。此外，还配备了 500kWp 太阳能光伏电站满足加措乡工程及周边居民用电需求。

(1) 被动式太阳能技术

本工程建筑坐北朝南，主要使用空间分布在建筑南向，辅助房间分布在建筑北向。被动式技术采用附加阳光间，并对南向窗墙比进行适当加大，以直接受益式的被动设计理念，提高建筑冬季太阳能得热。

(2) 主动式太阳能供暖系统

采用以太阳能空气集热系统为主要热源，以空气源热泵为应急热源，搭配短期相变蓄热系统的太阳能供暖系统，系统原理图如图 9.3-2 所示。系统类型为间接式、温差强制循环系统，太阳能空气集热器规格型号为 φ58×1800mm×30 支，共安装 194 组太阳能空气集热器，集热器总面积为 937.0m²，总采光面积为 737.2m²，分别安装在建筑屋顶上，安装倾角为 30°。相变蓄热系统由 6 台相变蓄热罐组成，每台相变蓄热能力为 2200MJ，应急热源采用 4 台单台额定制热量为 80kW 的空气源热泵机组，末端采用压铸铝散热器和风机盘管。附加阳光间被动构件、太阳能热源设备机房见图 9.3-3、图 9.3-4。

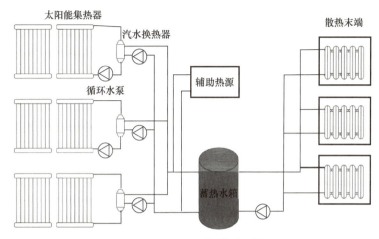

图 9.3-2　主动式太阳能供暖系统原理图

图 9.3-3　附加阳光间被动构件

图 9.3-4　太阳能热源设备机房

9.3.3　室内热环境测试

1. 室外气象参数

图 9.3-5 和图 9.3-6 为测试期间室外温度和太阳辐射强度变化图。在测试时间段内，室外空气温度、太阳辐射强度变化趋势为先增加再降低，其中太阳辐射强度在 14：30 达到最大值，最大值为 798W/m²，平均太阳辐射强度为 534W/m²；室外温度平均值为 3.1℃，在 16：25 达到最大值——9℃，在 9：30 时达到最小值——－11.3℃，最大温差为 20.3℃；室外风速整体较大，平均风速为 0.58m/s，在 16：15 时达到最大值——2.23m/s。

2. 室内热环境分析

图 9.3-7 为供暖房间和非供暖房间室内温度对比，从图 9.3-7 中可以看出供暖房间室内温度的最大值与最小值分别出现在 15：55 与 9：40，分别为 16.4℃ 与 8.9℃，平均室内温度为 12.1℃；非供暖房间室内温度的最大值与最小值分别出现在 17：05 与 8：35，分别为 7.6℃ 与 3.2℃，平均室内温度为 4.8℃。总体来看，昼间（10：00～18：00）太阳辐射通过直接受益窗进入室内，导致室内热量的变化较大，进而室内温度波动较大，相比较而言，夜间室内温度波动相对较平缓。

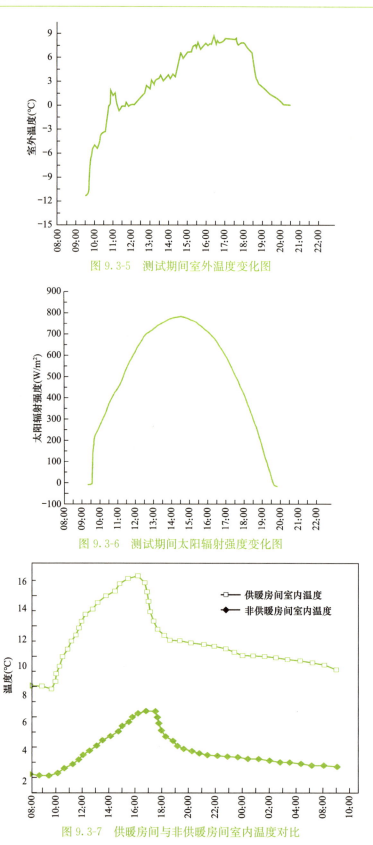

图 9.3-5 测试期间室外温度变化图

图 9.3-6 测试期间太阳辐射强度变化图

图 9.3-7 供暖房间与非供暖房间室内温度对比

图 9.3-8 为非供暖空间室内温度对比图。从图 9.3-8 中可以看出，虽然厨房、厕所和走廊均为非供暖空间，但是由于供暖建筑的传热作用，供暖建筑的非供暖房间室内温度较高。其中走廊室内温度最高，平均室内温度为 9.6℃，主要原因是因为走廊与供暖房间相通；厨房室内温度要高于厕所室内温度，厨房平均室内温度为 6.4℃，是因为厨房内墙与走廊相通，得热量增加。

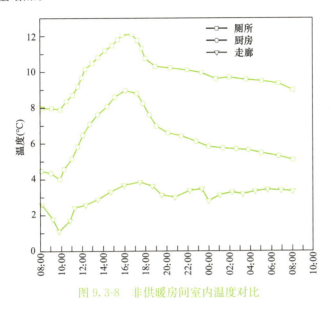

图 9.3-8 非供暖房间室内温度对比

9.3.4 节能效益分析

本工程系统供热量 81.5% 来自太阳能，应急热源和输配系统耗电 16.6kWh/(m²·a)，一次能源消耗量为 5.3kgce/(m²·a)，相对《民用建筑能耗标准》GB/T 51161—2016 约束值折算降低了 82.0%，满足比同气候同类建筑供暖能耗指标的约束值降低 50% 的指标要求。

9.4 公共卫生建筑太阳能供暖工程

9.4.1 工程概况

公共卫生建筑太阳能供暖工程位于拉萨市城关区，当地海拔 3600m 以上。冬季供暖室外计算温度为 -5.2℃，年极端最低气温为 -16.5℃，供暖期从 11 月 15 日至次年 3 月 15 日，共计 122d。拉萨市属于太阳能资源最丰富区，平均年太阳辐射量约为 7331.2MJ/m²，年日照时数达 3000h 以上。

以净土产业园区 AAA 级公厕作为公共卫生建筑典型案例，该工程总建筑面积为 125m²，主要为周边居民、园区游客等提供卫生、热水、供暖、充电等便民服务。通过太阳能供暖工程的实施可实现不消耗常规能源的情况下满足使用者供暖和热水需求，工程案例实景如图 9.4-1 所示。测试建筑平面布置图如图 9.4-2 所示。

建筑中太阳能热利用

图 9.4-1　工程案例实景

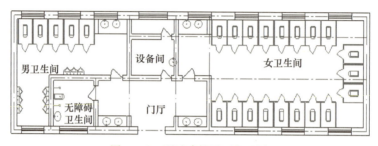

图 9.4-2　测试建筑平面布置图

9.4.2　工程技术方案

1. 技术思路

公共厕所属于公共卫生建筑,需要良好的室内空气品质,因此该类建筑的新风需求量较大。西藏地区公共厕所数量众多,并且该地区冬季寒冷,如何在满足良好室内空气品质的同时达到该类建筑的供暖需求是研究的重点。在国家清洁取暖和西藏"厕所革命"等相关政策要求的背景下,利用西藏高原丰富的太阳能资源可为公共卫生建筑室内热环境与空气品质的改善提供能源支撑。本工程中利用太阳能对室外新风进行预热,将加热的新风送入室内,在改善公共卫生建筑室内空气品质同时提升了室内热环境。

2. 技术方案

针对游客和居民的供暖、热水及用电需求,以及拉萨当地的气候资源条件,本工程建立了太阳能综合利用供能系统,主要包括主被动组合太阳能热风供暖、太阳能热水和光伏发电 3 个子系统,净土产业园太阳能综合利用集成系统如图 9.4-3 所示。

图 9.4-3　净土产业园太阳能综合利用集成系统

(1) 主被动结合太阳能供暖

本工程的供暖需求由直接受益窗和主被动组合的太阳能热风供暖系统共同提供,其中主被动组合的太阳能热风供暖系统由渗透型太阳热风墙(西墙)和太阳能空气集热器(屋顶)组成,太阳墙与太阳能空气集热器的连接方式为串联,太阳墙先对室外新风进行预热,预热后的空气进入热风集热器中进行二次加热,最后送入供暖房间,系统原理图如图 9.4-4 所示。太阳能热风供暖系统中采用 4 台空气式太阳能集热器,单台集热器面积为 $4m^2$;渗透型太阳墙面积为 $20m^2$。

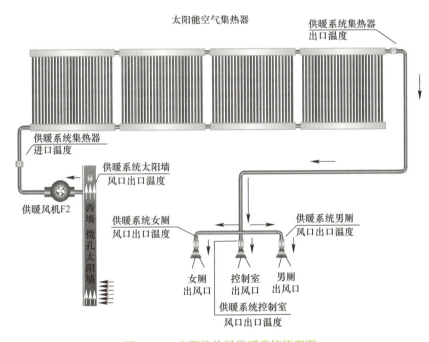

图 9.4-4 太阳能热风供暖系统原理图

(2) 太阳能热水系统

太阳能热水系统可为游客或居民提供卫生洗手热水。该系统主要由太阳能空气集热器、空气-水热交换器以及蓄热水箱组成,太阳能热水系统原理图如图 9.4-5 所示。太阳能热水系统中采用 1 台空气式太阳能集热器和 1 台空气-水换热器;设置了 80L 承压蓄热水箱;采用了 1 台额定风量为 $990m^3/h$ 的离心热风机和额定水流量为 $3.6m^3/h$ 的循环泵。该太阳能热水系统日均可产生 0.6t 热水,每年可产生 200t 热水,每日可满足 600 人次使用。

(3) 光伏发电系统

光伏发电系统主要太阳能电池方阵、蓄电池、控制器和逆变器等组成。光伏发电一方面可供太阳能供暖和热水系统中的动力设备用电,另一方面可供照明、干手器等用电器用电。当光伏发电量过剩时,多余的发电量可存储于蓄电池中,当光伏发电量不足时,系统依靠市政电网供电运行,太阳能光电系统原理图如图 9.4-6 所示。冬季每日耗电量约为 7.3kWh,夏季耗电量约为 5.4kWh;年总发电量约为 3540kWh,日均发电量为 9.7kWh。

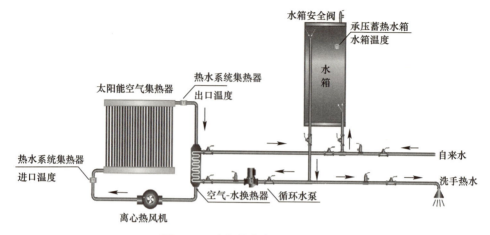

图 9.4-5 太阳能热水系统原理图

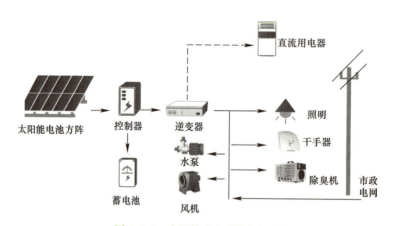

图 9.4-6 太阳能光电系统原理图

9.4.3 系统运行与测试

1. 室外气象参数

测试期间室外温度见图 9.4-7。由图 9.4-7 可知，测试阶段室外温度最高为 12℃，最低为 -12.5℃，平均室内温度为 -0.18℃，温度波动接近 25℃，每日温度最高点在 13：00 左右。

测试期间太阳辐射强度变化见图 9.4-8。由图 9.4-8 可知，拉萨地区冬季太阳辐射较强，水平面最高太阳辐射强度为 700W/m²，其最大值出现时间约为 13：00。西向太阳辐射与水平面太阳辐射强度差异较大，其最大值约为 600W/m²，最大值出现时间点大约为 16：00，09：00~13：00 西向太阳辐射强度较小。

2. 系统运行效果

图 9.4-9 为集热阵列上下联箱温度随时间的变化关系。集热阵列由 4 台 PCM（相变材料）空气集热器组成，从图 9.4-9 中可以看出，在有效集热期间，上联箱平均温度为 79.6℃，最高温度 139.7℃；下联箱平均温度为 12.7℃。总体来看，上联箱温度值要显著高于下联箱，主要原因是热风比热容小，经集热器加热后风温迅速升高。

第 9 章　主被动组合太阳能热利用工程案例

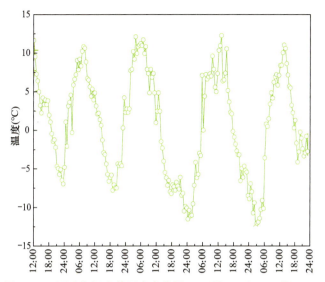

图 9.4-7　测试期间室外温度变化图（12 月 14 日～12 月 18 日）

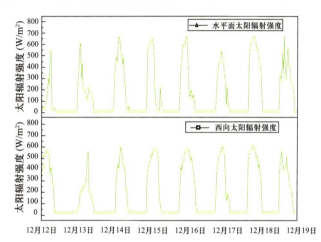

图 9.4-8　测试期间太阳辐射强度变化

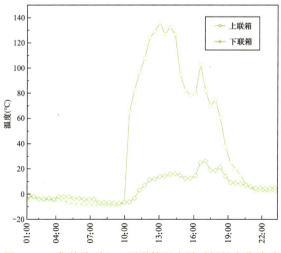

图 9.4-9　集热阵列上、下联箱温度随时间的变化关系

图 9.4-10 是太阳墙垂直方向空气温度对比,沿着高度方向,测点 1、2、3 依次位于太阳墙下部、中部、上部。从图 9.4-10 中可以看出,总体上墙体内部空气温度随垂直高度上升而上升,垂直方向测点 1~3 受到太阳辐射、环境温度的影响,在 09:00 至 18:00 时间段基本呈现先升后降的趋势。由于热量散失,相同时刻 3 个测点温度存在较小差异。

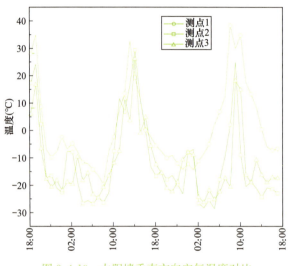

图 9.4-10　太阳墙垂直方向空气温度对比

3. 室内热环境测试

供暖卫生间和不供暖储藏室室内温度对比如图 9.4-11 所示。可以看出,储藏室温度整体偏低,其最高温度为 3℃,平均温度为 2.2℃;在采用了热风供暖系统后,卫生间室内温度得到了显著提升,最高温度为 17.4℃,平均温度为 6.4℃,这表明在拉萨地区,充分利用太阳能可有效改善室内热环境,提升室内平均温度,并说明该供暖系统对卫生间的热环境质量提升具有较大潜力。

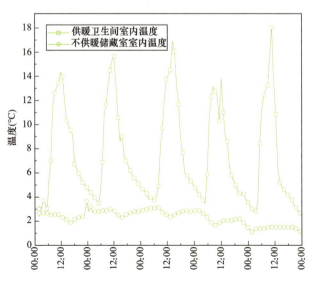

图 9.4-11　供暖卫生间和不供暖储藏室室内温度对比(12 月 14 日~12 月 18 日)

9.4.4 节能效益分析

本工程建筑年供暖能源需求为1433.07kgce；其中，渗透型太阳能热风墙年可提供相当于648.30kgce的热量，屋顶太阳能空气集热系统可提供相当于989.50kgce的热量，合计相当于1637.80kgce的热量，满足年总供热量需求。技术改造后厕所可实现建筑光伏产能大于用电能耗；太阳能热水系统产热水量也可满足卫生热水用量；利用渗透型太阳墙＋太阳能空气集热器系统组合供暖，可实现性能互补，有效提升两者效率，显著提升建筑室内热环境水平。本太阳能综合利用集成技术具有高效节能、安全可靠、功能多样等显著优势；在清洁供暖、"厕所革命"等相关政策的指导下，预期可在西藏高原地区集中住区、公共活动区等获得良好的推广应用。

第10章 区域太阳能集中供热及工程案例

太阳能区域集中供热作为太阳能热利用的重要方向，在清洁供热领域展现出了巨大的潜力和优势。其规模化、集中式太阳能热收集、储存和输配理念实现了太阳能资源的高效利用。太阳能区域集中供热模式不仅提升了太阳能的利用效率，还有效地降低了传统供热模式对化石能源的依赖，减少了温室气体的排放，对环境保护和可持续发展具有重要意义。同时，太阳能区域集中供热系统具备灵活性与可扩展性，能够根据当地供热规模、气候特征、太阳能资源分布等实际情况进行扩容或调整，为不同规模的区域提供定制化的供热解决方案。

本章旨在深入探讨太阳能区域集中供热系统的基本原理、关键技术以及实际应用案例。详细介绍了区域太阳能集中供热系统中集热系统、蓄热系统、辅助供热系统、供热管路系统及控制系统等核心组成部分的设计原理与技术要点。同时，从系统设计方案、实际运行状况、节能效益等多个维度，对西藏某县城太阳能区域集中供热工程与丹麦Dronninglund太阳能区域集中供热工程进行案例分析，展现太阳能区域集中供热技术的实际应用效果与发展潜力。

10.1 区域太阳能集中供热系统原理

相比于传统分布式太阳能供热，太阳能区域集中供热实现了能源的集中收集、储存和分配。并且这种集中式的供热方式能够更有效地利用太阳能资源，减少能源浪费，并提高供热系统整体运行效率。区域太阳能集中供热系统主要由规模化的集热系统、蓄热系统、辅助供热系统、供热管路系统及控制系统组成，如图10.1-1所示，各个子系统的合理设计和控制是区域太阳能集中供热系统高效运行的关键。

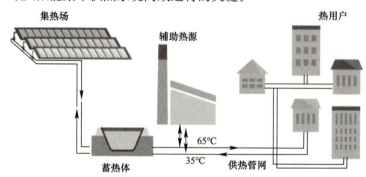

图10.1-1 区域太阳能集中供热系统原理图

10.2 区域太阳能集中供热系统设计要点

10.2.1 太阳能集热系统

大规模太阳能集热场承担着太阳能的收集和转化作用，是太阳能区域集中供热系统的核心部分，其合理的设计及控制方案是整个供热系统稳定、高效运行的关键。其中集热器的选型、连接方式、流量设计以及系统控制等环节是大规模集热场设计的关键环节（图10.2-1）。

图 10.2-1　太阳能集热场

1. 太阳能集热场地规划选址

大规模太阳能集热场地选址首先需要考虑场地太阳能资源情况，应选择日照时间充足、太阳辐射强度高的地区，以确保太阳能集热场能够高效地收集太阳能。由于太阳能集热场占地面积大，因此应选择土地成本相对较低且符合土地利用规划的地区，优先使用荒地、废弃土地、非耕地等，避免占用基本农田和耕地。并且应避免选择地震、滑坡等自然灾害频繁发生的地区以确保集热场地质条件稳定。太阳能集热场防洪和场地标高应符合对应的防洪标准，对于高水位以下的地区，应有相应的防洪设施。除此之外，应严格遵守环保要求和国家法规，避免在环境敏感地区或对当地生态环境有重大影响的地区建设太阳能集热场。

2. 太阳能集热器安装倾角与间距

太阳能集热器宜朝向正南，或南偏东、偏西30°的朝向范围内设置；安装倾角可选择在当地纬度±10°的范围内；受实际条件限制时，也可以超出范围，但应进行面积补偿，合理增加太阳能集热器面积，并进行经济效益分析。如果希望在冬季获得最佳的太阳辐射量，倾角应加大至约比当地纬度大10°。大规模太阳能集热场一般设置在较为空旷的场地，因此在场地布局过程考虑太阳能集热器的相对位置，使得太阳能集热器之间不存在遮挡关系，并留出合适的安装间距和检修空间。太阳能集热器之间的距离应大于日照间距，避免相互遮挡。太阳能集热器前后排之间的最小距离计算方法为如式（9.1-1）所示。

3. 太阳能集热器连接方式

太阳能集热器连接方式如图10.2-2所示。并联是指将相邻两个集热器的进口与进口相连，出口与出口相连。并联时系统的流量为所有并联太阳能集热器流量叠加，压降不变，泵的扬程减小，每个太阳能集热器的流量分布均匀，系统热效率较高。串联是指将一个太阳能集热器的出口与另一个太阳能集热器的进口相连。串联时系统的压降为所有串联太阳能集热器的压降叠加,流量不变,可以很快获得较高的出水温度。但是串联时系统平均运行温度较高,热效率降低,通过集热阵列的压降较高,排空系统中的流体较为困难,而且有一个太阳能集热器损坏将导致串联的一组太阳能集热器无法运行。串并混联是指先将每个太阳能集热器串联或并联组成太阳能集热器组,再将太阳能集热器组进行串联或并联。太阳能集热器连接方式的选择第一要看系统运行方式,第二要看安装场地环境。合理的连接方式可以提高系统效率,降低安装和运行成本。大规模太阳能集中供热一般为强制循环系统,可采用以上任一方式进行连接。

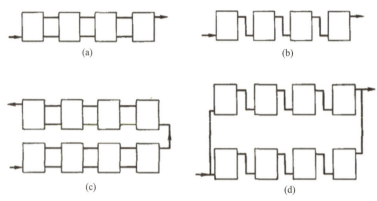

图 10.2-2　太阳能集热器连接方式
(a) 并联；(b) 串联；(c) 并-串联；(d) 串-并联

4. 太阳能集热系统循环工质

太阳能集热系统的集热工质可分为空气和液态工质两大类。空气集热系统的优点是不会出现漏水、冻结等隐患,此外系统控制使用方便,可与建筑围护结构和被动式太阳能建筑技术很好结合,安全性较好。然而采用空气集热系统需要敷设通风管道,热媒输送成本较高,传输过程中空气的热损失明显高于液态工质,因此空气集热系统离送热风点的距离不能太远。对于大规模的太阳能区域集中供热系统,需要敷设长距离的传输管道,选择液态工质集热器更利于统一管理,减少集热、蓄能、用能过程中的热量损耗。若选用液态工质作为太阳能集热系统的循环工质,应根据当地气候条件确定合理的防冻措施。

5. 太阳能集热器类型

现有的太阳能集热器类型主要包括平板型集热器、真空管式集热器和槽式集热器。其中平板型集热器结构简单,运行可靠,成本低廉,热流密度和工质温度较低。与真空管式太阳能集热器相比,平板型集热器还具有承压能力强、集热面积大等特点。近年来,大尺寸平板集热器在太阳能区域集中供热系统中的应用逐渐广泛,相比于小型平板集热器,大尺寸平板集热器是单块集热器自成阵列,如图 10.2-3 所示。它没有小型平板集热器之间连接的工序,安装快捷、密封可靠,可以大幅降低安装成本和安装时间,并且能够抵御冰雹等恶劣天气的影响,不会因天气原因而轻易损坏,不会出现爆管现象,适

图 10.2-3　大尺寸平板集热器

用于寒冷地区的大规模太阳能供热系统。

10.2.2 大规模蓄热系统

蓄热系统在太阳能供热系统中起到了蓄调的重要作用,是太阳能供热系统的关键组成部分。通过水箱(罐)、埋地水池、地埋管、含水层等蓄热装置将多余太阳能转化并储存起来,再在需要时释放,从而提高能源利用率、减少能源浪费,增强太阳能供热系统的稳定性和可靠性。其中埋地蓄热水池因其低成本、高蓄热性能的优势在大规模太阳能区域集中供热项目中被广泛应用。埋地蓄热水体的设计环节主要包括了蓄热容积确定、水池结构设计、保温措施设计以及蓄热系统运行控制设计(图10.2-4)。

1. 蓄热水体容积确定

太阳能区域集中供热系统蓄热模式一般按照蓄热周期长短主要分为短期蓄热和跨季节蓄热两种模式。短期蓄热系统适用于全年具有较好太阳能资源的地区,如我国西藏地区。这类地区采用短期蓄热的太阳能集中区域供热系统受益于供暖季优质的太阳能资源,允许采用较小的蓄热容量,通常使用蓄热水罐或埋地蓄热水池作为蓄热装置。一般对于短期蓄热液体工质太阳能集热系统,太阳能集热器单位采光面积的蓄热水箱或水池的容积范围可按 $40\sim300L/m^2$ 选取。实际设计过程中需根据具体蓄热周期及蓄热量等参数通过模拟计算确定合适的集蓄比。

图10.2-4 埋地蓄热水池

跨季节蓄热适用于太阳能资源季节性分布不均的地区,这类地区呈现非供暖季太阳能资源丰富,而供暖季太阳能资源匮乏的特点,因此需要在非供暖季蓄存太阳能热以满足供暖季用热需求,跨季节蓄热需要较大蓄热容量,一般采用经济性和蓄热性能较好的大规模埋地蓄热水体作为蓄热装置。按照相关标准推荐,当集热面积小于 $10000m^2$,跨季节蓄热集蓄比推荐采用 $1.5\sim2.5m^3/m^2$,集热面积大于 $10000m^2$,集蓄比应大于 $3m^3/m^2$。

2. 埋地蓄热水池结构设计

埋地蓄热水池形状、高度等设计参数的确定要充分考虑地下水位、地质条件等因素,还需兼顾良好的水体热分层效率。现有国内外埋地蓄热水池一般采用倒金字塔型,也可根据场地规划要求选用其他水池形状。考虑到水池结构稳定性,水池坡度一般取 1∶2,实际设计过程中需根据施工场地地质条件确定合适的边坡倾角。水池深度需要结合施工场地地下水位确定,尽可能保证水池底部位于地下水位之上以减少水池热损失。水池开挖土方可堆积于水池周围形成围堰,围堰土方量尽可能等于水池开挖量。为避免注水过程对水体造成剧烈掺混,埋地蓄热水池一般采用布水器作为进出口装置。且一般设置在高、中、低3个位置以适应水体热分层。

3. 埋地蓄热水池保温设计

蓄热水池热损失是影响太阳能供热系统运行效率的关键因素,因此蓄热水池的保温设计非常关键。埋地蓄热水池可以利用土壤作为水池侧壁和底部的天然保温层,而水池顶部需要通过敷设保温层的方法减少热损失，可选用导热系数较低的憎水型发泡材料进行保温。

10.2.3 管网输配系统

太阳能区域集中供热系统一般为间接式，由换热站将供热管网分为集热输配管网和供热输配管网。

1. 集热系统管网布置

集热系统管路的布置对太阳能系统效率也有较大影响。太阳能集热系统管路的布置有很多方式，常用的管路布置方式包括同程式和异程式两种，如图10.2-5所示。同程式管路系统是指系统中每个太阳能集热器的进、出口到系统进、出口的集管长度之和相同，有利于系统流量分配均匀，保证系统高效运行，但一般会增加集管长度，增加系统阻力和投资。异程式管路系统是指系统中每个太阳能集热器的进、出口到系统进、出口的集管长度之和不同，当系统的管线长度差异较大时，应通过安装平衡阀、调整管径等措施进行水力平衡调节。

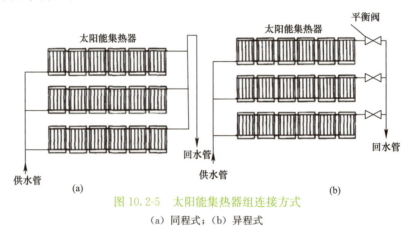

图 10.2-5 太阳能集热器组连接方式
(a) 同程式；(b) 异程式

2. 供热系统管网布置

为了保证供热热水管网运行稳定可靠、扩大供热能力、降低热水管网的运行成本以及方便运行管理等，热水供热系统采用间接连接。热水管网敷设考虑双管制，即一供一回方式。根据国内外的运行实践来看，对于以供暖热负荷为主的供热系统，双管制是比较合理的布置方式，其运行效果较好，供热的安全可靠性较高，投资成本较低。因此太阳能区域集中供热热水管网系统宜采用一供一回双管布置方式。

供热管路敷设方式主要采用直埋敷设，该敷设方式施工方便、工序较少、造价低、占地少、便于赶工期、有利于保护环境，并且管路的热损耗低，可用于工业建筑，也可用于民用建筑。埋地管路的保护层采用玻璃钢，可以降低保温材料的吸水率，防腐、绝缘性能好，使用寿命长。部分与给水排水、电力、通信电缆线路重合的区段，采用综合管沟方式敷设。

热水管道采用直埋式预制保温管，高温热水管采用耐高温改性聚氨酯保温，高密度聚乙烯外套预制直埋保温管，保温材料厚度根据输送介质温度的不同而不同，产品应符合现行国家标准《高密度聚乙烯外护管硬质聚氨酯泡沫塑料预制直埋保温管及管件》GB/T 29047 的有关规定。

10.2.4 辅助备用热源

辅助供热系统是太阳能集中供热系统的后备热源。太阳能集中供热系统实际运行过程中可能会出现蓄热量无法满足末端用热的情况，此时可以通过其他能源形式（如燃气、电力等）提供热能，确保供热系统的稳定运行，满足用户的供热需求。目前太阳能区域集中供热系统通常采用热泵、锅炉等设备作为辅助热源，如表 10.2-1 所示。辅助热源一般与末端供热环路相连，用于直接提高末端供热温度，一些太阳能集中供热系统将水源热泵机组与蓄热水体相连，在提高蓄热水体供水温度的同时，降低水体底部温度，从而降低集热器进水温度，提高集热效率。

太阳能供热系统常用辅助热源　　表 10.2-1

类型	优点	缺点
空气源热泵	适用范围广，环保，使用方便，运行成本低，节能效果显著	制热速度较慢，购机成本高，在极低温环境中可能结霜
水源热泵	运行稳定，换热效率高，清洁环保，一机多用	受水源条件限制，系统复杂，可能对地下水资源造成影响
地源热泵	环境舒适度高，运行稳定，节能效果显著，绿色环保	场地要求高，初投资大，安装技术要求高
电锅炉	环境舒适度高，节省空间，绿色环保，安全可靠	能效比低，运行费用高
燃气锅炉	方便使用，热效率高，体积小，操作简单	热水供应不稳定，存在燃气泄漏风险，维护成本高
燃煤锅炉	燃料易得，热效率高，稳定可靠，使用寿命长	污染环境，存在安全隐患，需要处理废弃物

10.3　西藏自治区某县城太阳能集中供热工程

10.3.1　工程概况

工程地点位于西藏自治区某县城，如图 10.3-1 所示，当地海拔约为 4500m。冬季供暖室外计算温度为 −14.4℃，年极端最低气温 −37℃，供暖期为 10 月初至次年 5 月底，共计 240 余天，总体来看建筑供暖负荷大，供暖时间长。工程所在地属于太阳能资源最丰富区，年平均太阳辐射量约为 7800MJ/(m^2·a)，年平均日照小时数约为 3000h。当地采用太阳能集中供暖系统和辅助热源相结合的供暖模式，满足县城内建筑供暖需求。该系统由太阳能集蓄热站、供热管网和供暖末端 3 部分构成，工程建设规模为供暖建筑面积约 15.22 万 m^2，一期实际供暖建筑面积 8.26 万 m^2。

10.3.2　系统设计方案

1. 技术特点

该项目所在地太阳能资源全年均处于较高水平，如图 10.3-2 所示，因此该项目采用了短期蓄热模式。系统采用防冻液作为集热工质，确保了极端低温环境下稳定运行，并采用倒梯台型埋地蓄热水池以蓄存多余热量。此外，系统还配备了电锅炉作为应急热源，确保供热稳定性。在实际运行中，集热系统最大效率可达 72.5%，且太阳能保证率达到 100%，基本实现了可再生能源对传统化石能源的全替代。

图 10.3-1　区域太阳能集中供热热源厂外貌

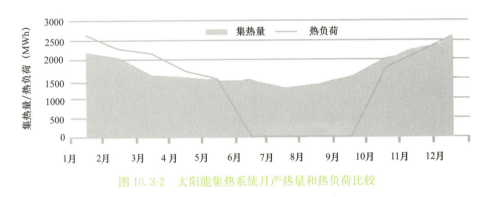

图 10.3-2　太阳能集热系统月产热量和热负荷比较

2. 技术方案

项目采用集热系统直供和短期蓄热的设计方案，其系统原理图见图 10.3-3。集热系统采用大尺寸平板型太阳能集热器，系统共安装了 1620 块太阳能集热器，总面积为 24300m²，总采光面积为 22275m²。蓄热装置采用倒梯台型埋地蓄热水池，蓄热容积为 1.5 万 m³。此外，系统中还配备了 2 台 1.5MW 的电锅炉作为应急热源。

(1) 太阳能集热系统

工程所在地区供暖季长，全玻璃真空管集热器遇到雨雪、风沙等恶劣天气时，玻璃管易碎，一只玻璃管破碎，将导致整个系统的水泄漏而无法工作，不适用于较大型的强制循环系统。因此该项目使用的是平板型太阳集热器（图 10.3-4），其承压运行，更换方便，热性能好，运行安全，成本低。当地冬季极端最低温度为 −37℃，极易发生冻结现象，且短时间内不能恢复正常温度，因此该项目采用间接式太阳能集热系统，使用防冻液作为集热工质。

(2) 埋地蓄热水池

该项目采用埋地水池进行短期蓄热，蓄热水池蓄热量至少可保证 5d 建筑耗热量。该

第 10 章 区域太阳能集中供热及工程案例

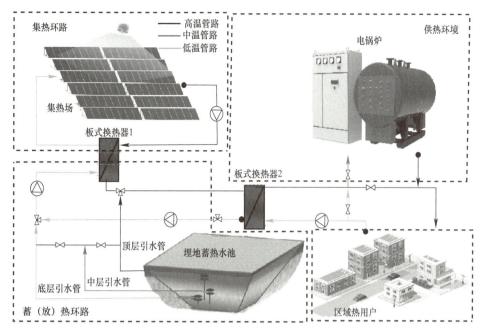

图 10.3-3 西藏自治区某县城太阳能集中供热系统原理图

图 10.3-4 太阳能集热场

蓄热水池深度约为 10m。为保证埋地蓄热水池结构的稳定性，水池边坡为 26.6°。水池顶部安装一个厚度为 240mm 的浮动保温盖板以减少顶部散热，如图 10.3-5 所示。蓄热水池在顶部、中部和底部设置有进出口分层器，可实现不同温度的蓄取。

（3）辅助备用热源

该项目中系统的太阳能保证率较高，应急热源承担的供热量相对较小，此时热泵系统相对电锅炉的节能优势不再显著，反而会显著增大系统规模和安装成本，故不建议选用热泵系统作为应急热源。

185

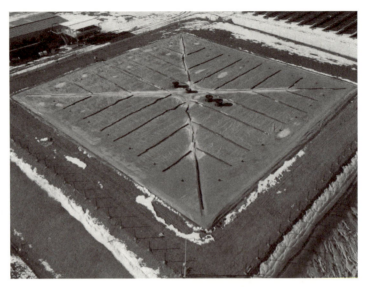

图 10.3-5　埋地蓄热水池

10.3.3　系统运行测试

在该项目实际运行过程中对室外温度、集热系统得热量、供暖系统供热量、应急热源及输配系统耗电量等参数进行了长周期的监测。监测期间，系统运行正常，平均日集热效率为51.0%，最高日集热系统效率为72.5%（图10.3-6）。

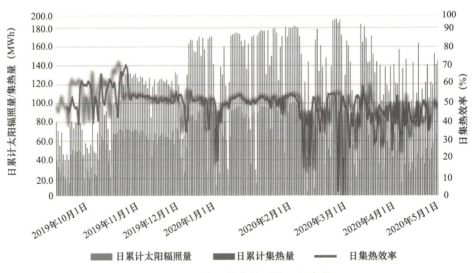

图 10.3-6　太阳能集热系统运行参数

如图10.3-7所示，供暖期间，供热量全部来自太阳能，未启动应急热源。太阳能集热系统累计得热量为14014.4MWh，供暖系统累计供热量为13429.2MWh，输配系统累计耗电量为229276kWh，太阳能保证率为100%，单位供暖面积输配系统耗电量为2.28kWh/(m²·a)。

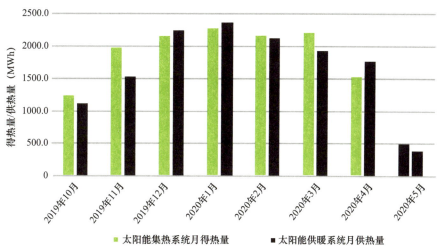

图 10.3-7 太阳能集热系统得热量与太阳能供暖系统供热量对比图

如图 10.3-8 所示，选择了县城 18 座供暖建筑 19 个典型房间进行室内温度监测，18 座供暖建筑中，三层以上建筑为 17 座，二层建筑为 1 座。监测时间为 2019 年 10 月 1 日～2020 年 5 月 9 日，太阳能供暖系统运行期间，室内平均温度为 20.3℃。

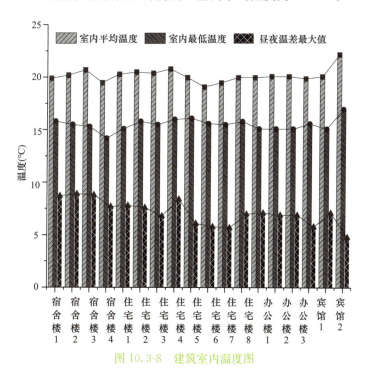

图 10.3-8 建筑室内温度图

10.3.4 节能效益分析

该项目建成当年作为世界海拔最高的太阳能区域供暖工程，是世界上第一个太阳能实际运行保证率达到 100% 的县城级太阳能集中供暖项目。据测算，该工程整个供暖期太阳能输出功率约为 16700MWh，单位供暖面积建设费用 1460 元/m²，单位供暖面积运行费用 2 元/m^2。年节省标准煤 2931649.679kgce；年减排 CO_2 7241174.707kg；年减排粉尘 29316.50kg；年减排 SO_2 58632.99kg。

10.4 丹麦 Dronninglund 太阳能集中供热工程

10.4.1 工程概况

丹麦的 Dronninglund 地区，坐落于北日德兰郡（Nordjylland），其地理位置独特，坐标为东经 10°18′、北纬 57°10′，虽靠近北极圈，但深受海洋性气候影响。该地区的气候特征属于温带海洋性气候，四季分明，冬季温和且漫长，夏季则凉爽而短暂。当地采用大规模太阳能集中供热系统并结合跨季节蓄热等技术手段为当地 1350 名用户提供了稳定的热源，如图 10.4-1 所示。该地区年供热需求达到约 40GWh（相当于 12MW 的峰值负荷）。Dronninglund 太阳能区域集中供热工程的成功实践，不仅为丹麦的太阳能区域集中供热工程建设提供了宝贵的经验，也为全球范围内的同类工程提供了有益的参考和借鉴。

图 10.4-1　丹麦 Dronninglund 太阳能区域集中供热工程

10.4.2 系统设计方案

1. 技术特点

丹麦 Dronninglund 地区的太阳能资源夏季丰富、冬季相对匮乏，而用热负荷主要集中在冬季，如图 10.4-2 所示。为克服太阳能供给和用热需求的矛盾，丹麦 Dronninglund 太阳能区域集中供热工程采用跨季节蓄热的技术手段实现太阳能的夏储冬用。除此之外，该项目采用了吸收式热泵作为互补热源，在提高供水温度的同时又能降低集热器进水温度，提高集热效率。

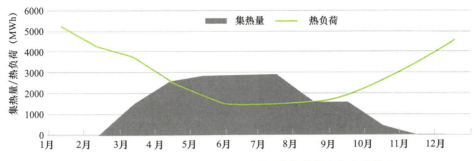

图 10.4-2 丹麦 Dronninglund 月太阳能集热量和热负荷情况

2. 技术方案

该项目采用大型太阳能跨季节蓄热供暖技术路线，系统主要由太阳能集热场、蓄热装置、供回水管路、辅助热源、供热末端和智能远程监测控制系统组成（图 10.4-3）。其中太阳能集热场采用平板型集热器，总集热面积达 37573m^2。蓄热方式采用埋地蓄热水池，蓄热容积为 60000m^3。辅助热源采用吸收式热泵和锅炉。在太阳能资源丰富且产热超出实际需求时，过剩的热能会被储存至埋地蓄热水池中。在太阳能资源匮乏时，蓄热水池向供热网络进行热量补充。此外，若埋地蓄热水池温度不足，亦可作为低温热源，为吸收式热泵供给能量，在提高末端供水温度的同时，进一步降低水池底部温度，以提高集热效率。同时，该系统还配备了传统的生物质锅炉作为辅助热源以应对极端气候或满足高峰用热需求。

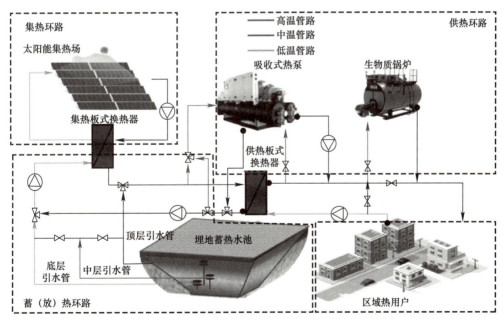

图 10.4-3 丹麦 Dronninglund 太阳能区域集中供热系统原理图

（1）太阳能集热系统

该项目太阳能集热器采用平板型集热器（图 10.4-4），太阳能集热器之间采用串并混联的连接方式，并采用异程式管路连接方式。太阳能集热系统集热工质使用丙二醇-水混合物（丙二醇质量分数为 35%）用于防冻。流体经串联太阳能集热器逐步加热后，通过传输管道泵送到换热站的热交换器。

图 10.4-4　丹麦 Dronninglund 太阳能集热场

(2) 埋地蓄热水池

该项目采用埋地水池进行跨季节蓄热。该蓄热水池建设于一个被重新利用的砾石坑内，土壤类型主要是细干沙。蓄热水池深度为 16m。该蓄热水池为倒梯台型，顶部和底部基座的边长分别为 90m 和 26m，边坡为 26.6°。水池顶部放置安装一个厚度为 240mm 的浮动保温盖板以减少顶部散热，如图 10.4-5 所示。水池边坡利用土工布和土工膜将水区与两侧的土壤隔离开来。由于土壤本身的隔热性较好，因此水池两侧并不需要额外隔热材料。水池顶部、中部和底部设有 3 个进/出水口，距离底部分别为 15.5m、11.2m 和 0.5m。根据运行策略，进出口的流入和流出模式交替进行。进出口处可安装布水装置以减少进出水流对水体掺混。水池内部和土壤区域分别设置温度测点用于实时监测水体和土壤温度变化。

图 10.4-5　丹麦 Dronninglund 埋地蓄热水池

(3) 互补热源

该项目采用吸收式热泵作为主要辅助热源用于提高供水温度，采用生物质燃油锅炉作为吸收式热泵的驱动源。除此之外系统还配备燃气锅炉和热电联产（CHP）余热进行多级升温。末端供水温度保持在80℃/75℃，回水温度保持在40℃/35℃，温差为40℃。

10.4.3 系统运行测试

该供热系统主要面向工业用热和区域建筑供热，年总负荷为35520MWh，其中工业用热负荷约为74200MWh，区域建筑供热负荷约为28100MWh（占比约79%）。该系统每年太阳能、生物质能和天然气供热量分别为1460MWh、12500MWh和8160MWh。电能消耗量为90MWh，热能损耗约为1040MWh。图10.4-6反映了该系统在承担区域建筑供热负荷方面的能流情况。集热场年供热量为16658MWh，其中约20%的热量绕过蓄热水池直接向城市换热站供热，其余热量存入埋地蓄热水池。埋地蓄热水池根据供水温度是否达到设定的交换温度（通常为60℃）来决定是直接为末端供热还是输送到热泵蒸发器升温。进入热泵的热量约占埋地蓄热水池总放热量的36%，生物质锅炉输出的约48%的能量为吸收式热泵供能。辅助能源供能总计7195MWh，其中生物质能约占90%，其余约10%由天然气补充。在区域供热方面，太阳能保证率为53%，而可再生能源保证率则达到了96%。这表明，在埋地蓄热水池和热泵的支持下，以太阳能和生物质能为主要能源的综合能源系统具有显著的生态友好性。在Dronninglund区域供热背景下，1MW的平均热负荷仅需11700m²的集热器、19000m³的蓄热箱和470kW的辅助热源即可完全满足热需求，这为其他地区的区域供热设计提供了有益的参考。

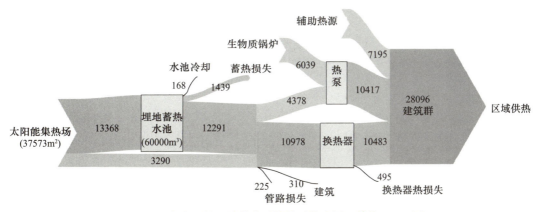

图10.4-6 年太阳能区域供热系统的总能流图（单位：MWh/a）

10.4.4 节能效益分析

Dronninglund太阳能供热工程热量来源以太阳能为主、生物质能为辅，其中太阳能保证率达到42%，而生物质能的保证率为35%，系统整体的可再生能源保证率高达77%。若仅用户区域的供热需求，则太阳能保证率和可再生能源保证率分别升至53%和96%。该工程的投资回收期为10~15年，每年的经济效益达50万欧元以上，具体取决于当地的热价。在环保方面，该工程的碳减排量为122kg/MWh，碳中性系数为0.92，反映了该系统工程在经济和环境方面具有良好的可持续性。

参考文献

[1] 彦启森. 建筑热过程 [M]. 北京：中国建筑工业出版社，1986.

[2] 陈启高. 建筑热物理基础 [M]. 西安：西安交通大学出版社，1991.

[3] 傅秀章，柳孝图. 建筑物理 [M]. 4 版. 北京：中国建筑工业出版社，2024.

[4] 朱颖心. 建筑环境学 [M]. 5 版. 北京：中国建筑工业出版社，2024.

[5] 杨柳. 建筑物理 [M]. 5 版. 北京：中国建筑工业出版社，2021.

[6] 刘艳峰，王登甲. 太阳能利用与建筑节能 [M]. 北京：机械工业出版社，2015.

[7] 刘艳峰，王登甲. 太阳能采暖设计原理与技术 [M]. 北京：中国建筑工业出版社，2016.

[8] 宇田川光弘，近藤靖史，秋元孝之，等. 建筑环境工程学——热环境与空气环境 [M]. 陶新中，译. 北京：中国建筑工业出版社，2016.

[9] 刘月莉，曾晓武，袁涛. 透光围护结构节能技术研究与工程应用 [M]. 北京：中国建筑工业出版社，2020.

[10] 罗运俊. 太阳能利用技术 [M]. 2 版. 北京：化学工业出版社，2014.

[11] 李现辉，郝斌. 太阳能光伏建筑一体化工程设计与案例 [M]. 北京：中国建筑工业出版社，2012.

[12] 清华大学建筑节能研究中心. 中国建筑节能年度发展研究报告 2023（城市能源系统专题）[M]. 北京：中国建筑工业出版社，2023.

[13] 中国建筑节能协会，重庆大学城乡建设与发展研究院. 中国建筑能耗与碳排放研究报告（2023年）[J]. 建筑，2024（2）：46-59.

[14] 高珍. 内置窗帘外窗热工特性研究 [D]. 西安：西安建筑科技大学，2012.

[15] 周勇. 逐日太阳辐射估算模型及室外计算辐射研究 [D]. 西安：西安建筑科技大学，2019.

[16] 江舸. 青藏高原被动太阳能技术对建筑热环境的改善效果及其设计策略研究 [D]. 西安：西安建筑科技大学，2020.

[17] 韩娅. 不同海拔地区平板型太阳能集热器热损失规律研究 [D]. 西安：西安建筑科技大学，2021.

[18] 田师果. 附加阳光间型被动式太阳房热负荷简化计算方法研究 [D]. 西安：西安建筑科技大学，2021.

[19] 全梦晨. 民居建筑光热光伏供能系统运行特性分析及匹配优化研究 [D]. 西安：西安建筑科技大学，2023.

[20] 邹瑜，郎四维，徐伟，等. 中国建筑节能标准发展历程及展望 [J]. 建筑科学，2016，32（12）：1-5，12.

[21] Zhang Z, Zhou Y, Xin X, et al. A day-ahead operation regulation method for solar water heating based on model predictive control [J]. Energy and Buildings, 2023, 301: 113715.

[22] 刘加平，谢静超. 广义建筑围护结构热工设计原理与方法 [J]. 建筑科学，2022，38（8）：1-8.

[23] 桑国臣，程芳玥，刘瑶，等. 围护结构太阳辐射吸收系数对太阳能采暖建筑外墙热性能的影响 [J]. 太阳能学报，2023，44（12）：33-40.

[24] 刘大龙，杨柳，刘加平，等. 被动式采暖中太阳辐射热效应分析 [J]. 哈尔滨工业大学学报，2015，47（8）：117-119.

[25] 周勇，刘艳峰，王登甲，等. 中国不同气候区日总太阳辐射计算模型适用性分析及通用计算模型

优化[J]. 太阳能学报，2022，43（9）：1-7.

[26] Liu Y F, Tang H L, Chen Y W, et al. Optimization of layout and diameter for distributed solar heating network with multi-source and multi-sink[J]. Energy，2022，258：124788.

[27] Zhuang Z B, Liu Y F, Chen Y W, et al. An innovative variable flow control strategy and system performance analysis of a solar collector field[J]. Applied Thermal Engineering，2024，253：123753.

[28] Tang H L, Liu Y F, Chen Y W, et al. Distributed solar heating system with busbar thermal reservoir network: Dynamic modeling and techno-economic analysis[J]. Applied Thermal Engineering，2024，246：122987.

[29] 尚世杰，王登甲，张睿超，等. 平板太阳能集热器盖板壁面凝结对性能影响研究[J]. 太阳能学报，2024，45（11）：375-383.

[30] 杨鲁伟，李明，王富强，等. 平板太阳能集热器热损系数及稳定性研究[J]. 太阳能学报，2022，43（2）：268-275.

[31] 王登甲，任晓帅，刘艳峰，等. 真空管太阳能空气集热系统阻力影响因素研究[J]. 暖通空调，2021，51（8）：36-43.

[32] 左夏华，宋立健，关昌峰，等. 用于直接吸收式太阳能集热器的纳米流体研究进展[J]. 材料导报，2023，37（21）：25-33.

[33] Wang D J, Huo X C, Liu Y F, et al. A study on frost and high-temperature resistance performance of supercooled phase change material-based flat panel solar collector[J]. Solar Energy Materials and Solar Cells，2022，239：111665.

[34] Zhou Y, Liu Y F, Wang D J, et al. A review on global solar radiation prediction with machine learning models in a comprehensive perspective[J]. Energy Conversion and Management，2021，235，113960.

[35] 曹其梦，于瑛，杨柳，等. 太阳逐时总辐射计算模型适用性分析——以我国部分地区为例[J]. 太阳能学报，2018. 39（4）：917-924.

[36] 周晋，吴业正，晏刚. 中国太阳总辐射的日照类估算模型[J]. 哈尔滨工业大学学报，2006，38（6）：925-927.

[37] 董宏，王怡，刘加平. 垂直面太阳散射辐射计算方法研究[J]. 太阳能学报，2020. 41（1）：1-6.

[38] 姚玉璧，郑绍忠，杨扬. 中国太阳能资源评估及其利用效率研究进展与展望[J]. 太阳能学报，2022. 43（10）：524-535.

[39] 曾理，程晓舫. 基于非均质大气模型的太阳辐射计算方法[J]. 中国科学技术大学学报，2015. 45（6）：490-496.